城市社区生活垃圾分类工作解析与指南

CHENGSHI SHEQU SHENGHUO LAJI
FENLEI GONGZUO JIEXI YU ZHINAN

爱芬环保·编著

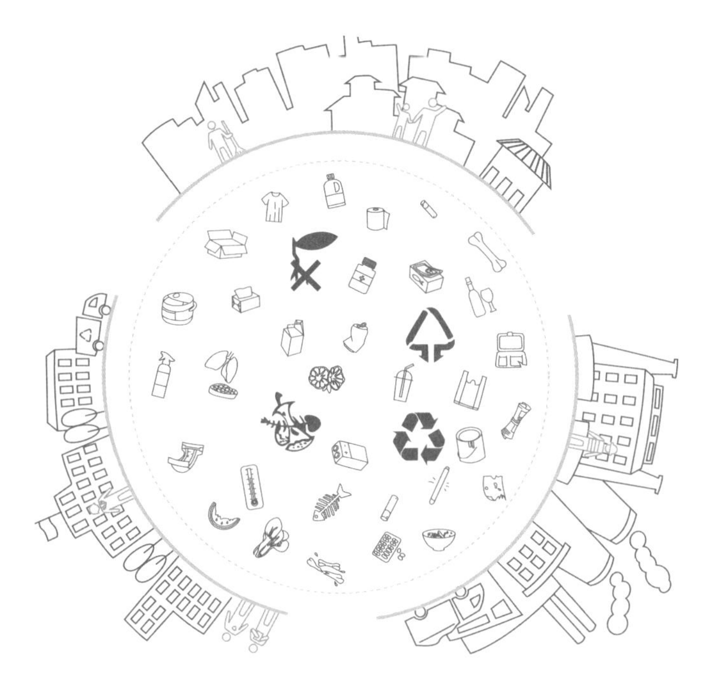

中国社会出版社

国家一级出版社·全国百佳图书出版单位

图书在版编目（CIP）数据

城市社区生活垃圾分类工作解析与指南/爱芬环保编著.
--北京:中国社会出版社，2020.10
ISBN 978-7-5087-6412-2

Ⅰ.①城… Ⅱ.①爱… Ⅲ.①社区-社会工作-生活
废物-垃圾处理 Ⅳ.①X799.305

中国版本图书馆 CIP 数据核字(2020)第 184296 号

书　　名：城市社区生活垃圾分类工作解析与指南
编　　著：爱芬环保

出 版 人：浦善新
终 审 人：王　前
责任编辑：杜　康
特约编辑：刘玉梅

出版发行：中国社会出版社　　**邮政编码：**100032
通联方式：北京市西城区二龙路甲 33 号
电　　话：编辑部：（010）58124864
邮购部：（010）58124848
销售部：（010）58124845
传　真：（010）58124856
网　　址：www.shcbs.com.cn
shcbs.mca.gov.cn
经　　销：各地新华书店

中国社会出版社天猫旗舰店

印刷装订：中国电影出版社印刷厂
开　　本：170 ㎜×240 ㎜　1/16
印　　张：9
字　　数：160 千字
版　　次：2020 年 11 月第 1 版
印　　次：2020 年 11 月第 1 次印刷
定　　价：69.00 元

中国社会出版社微信公众号

感谢以下人员为本书内容提供支持

戴星翼、杜欢政、郝利琼、江 峰、李长军、刘春兰、玛丽·哈德（Marie Harder）、马晓璐、石超艺、宋 慧、孙海燕、孙 杨、王 孜、王子人、韦 璐、严玲玲、赵 琦、云守护志愿者（郭山楚唯、罗卉婷）、郑佳莹、朱金芳

目录/ contents

序

为了美丽清洁的家园

2009 年，正值世博会前夕，上海为了迎接世博会的到来，在全市以“绿色账户”的形式，发起了一场轰轰烈烈的垃圾分类宣传活动。在此背景下，我们一群热爱环保公益的小伙伴们有缘相识，一起在家门口社区义务宣传垃圾分类。从此，每月一次定点的社区垃圾分类宣传活动就没有中断过，这一做就是 10 年。

2011 年，在宝山路街道的支持下，我们在扬波小区做了垃圾分类入户的试点，并获得成功。

2012 年，受静安区科协的邀请，成立了“上海静安区爱芬环保科技咨询服务中心”，从一个只有几个人的环保志愿者小组，成为一家致力于解决城市生活垃圾问题、专注于垃圾分类的专业环保公益机构。

2017 年，“爱芬社区垃圾分类工作模式 1.0”面世。

2019 年，“爱芬社区垃圾分类工作模式 2.0”公开发布。

爱芬环保是一家脚踏实地的公益机构，勤奋耕耘社区。从实践、研究、探索到创新、归纳、总结，不断为垃圾分类工作提供可复制、可持续的经验和方法。这也与当下国家与社会发展的需求相吻合。

我们是行动者，为了儿时的梦想，为了美丽清洁的家园，我们不抱怨，不旁观。

上海静安区爱芬环保科技咨询服务中心理事长　江　峰

2019 年 11 月 11 日

第一章　理论解析

1. 专家视点：

垃圾分类的三重价值

垃圾分类的意义已经远超出了这件事本身，它有着环境、经济和社会的三重价值。

我们常说："垃圾是放错了地方的资源。"而这句话的成立有一个非常关键的前提，就是前端的垃圾分类。如果分好了，就有很高的价值；如果没有分类，乱成一团，则它的价值就基本为零。

"垃圾是资源"这句话更多是指垃圾分类的经济价值。然而，垃圾分类作为一项看上去很简单、实际很复杂，看上去是小事、实际上是大事的项目，其经济价值仅仅是一个方面，它还有很重要的环境价值和更深层次的社会价值。

联合国环境规划署—同济大学环境与可持续发展学院教授、同济大学循环经济研究所所长杜欢政认为，垃圾分类能够解决我们目前面临的很多环境问题。"首先是水污染，我们现在百分之七八十的地下水都被破坏了，地表水也没有达到要求，而水的问题根源是在岸上，因为垃圾乱扔，垃圾里面的有机物渗透到水里，水体就被污染了。其次，就垃圾本身来讲，我们现在对垃圾的处理方式，无非就是填埋、焚烧和资源化利用，但最终来讲，分类资源化利用才是解决垃圾问题的唯一出路。最后，雾霾、全球变暖等环境问题的根源之一就是垃圾焚烧。比如，农村里的秸秆焚烧，造成了很严重的空气污染问题。所以垃圾分类对解决水污染、垃圾围城和雾霾问题，都起着关键的作用。"

就垃圾本身造成的环境问题来看，无论是填埋还是焚烧，都会产生很大的问题。填埋场占地大，大量的有机物和电池等物质的填埋，使填埋操作复杂，处理后污水也难以达标排放。而焚烧如果技术上不达标的话，又会产生二噁英，对空气造成污染，危害周围人的健康。所以，只有将垃圾分类资源化利用了，才能从根本上解决由此造成的环境问题。

从经济价值角度来讲，杜欢政认为，垃圾具有双重属性。"第一重，解决垃圾问题要无害化，这部分是公共的东西。而垃圾本身又有资源利用的价值，比如，有机废弃物，可以能量回收，也可以降级 （比如从食品级做成饲料级的产品）。它是一种资源就要按照价值规律来做，但这种资源如果不分类，混合在一起，就没有价值。举个例子，废玻璃和餐厨垃圾混在一起，很臭，大家就扔掉了。如果把玻璃分出来，干干净净的，就可以进入玻璃的回收渠道，去做发泡、保温材料，也可以做建筑装饰材料。分类分好以后，垃圾处置的成本就非常低，垃圾的经济性就体现了。我们所有的资源都是可以循环的，但是在循环过程中如果成本过高，就没有经济性了。所以垃圾分类是资源化利用过程中经济性的核心。”

而对于垃圾分类的价值，复旦大学环境科学与工程系教授戴星翼则更看重其社会意义。“我一直有一个观点，垃圾分类的最大动力是人的现代化。垃圾分类并不会降低成本，因为分类之后，将有多个系统来运作，其处理成本是上升的。它的性质决定了其天然是要增加成本的。而垃圾分类的价值则有三点：从经济的角度讲是回收资源；从环境的价值来讲，是提高垃圾焚烧的热值，从而降低污染；而最重要的价值，是垃圾分类对于提高国民素质有着不可忽视的作用。能够自觉进行垃圾分类的人，他不会乱穿马路，也不会随地吐痰。垃圾分类做好了，人的现代化也做好了。我们不能低估垃圾分类的意义，也不能低估垃圾分类这件事情的艰难程度。”

由此可见，垃圾分类的意义已经远超出了这件事本身的意义，而且由谁作为分类主体，也是一个关键问题。这也是爱芬环保这些年来坚持深耕在社区的一个重要原因。

（本文根据对复旦大学环境科学与工程学院教授戴星翼，同济大学循环经济研究所所长杜欢政采访内容整理）

2. 专家视点：社区建设与垃圾分类协同互动的研究

一、理解促进生活垃圾分类视角下的社区建设：概念与现状

社区是开展居民生活垃圾分类的初始场域，社区建设的现实状况与困境问题是社区推进垃圾分类的先决条件和制约因素，因此，理解社区建设的基本概念与现状条件，是促进社区建设与社区生活垃圾分类协同互动的前提。

（一）何谓社区

1.社区的学理定义

理解社区建设，首先要从理解“社区”概念开始。何谓社区，不同学者给出了不同的定义。最早提出“社区”概念的德国社会学家滕尼斯认为，“社区”(Gemeinschaft)是建立在血缘、地缘、情感和自然意志之上的富有人情味和认同感的传统社会生活共同体，不同于冷冰冰的“社会”。此后，美国社会学家罗密斯将“Gemeinschaft”这一德语词译为“Community”。该翻译含有团体、社会、共同体等多方面的含义。20 世纪 30 年代，“Community”传入中国社会学界。1933 年，我国著名社会学家费孝通先生将“Community”一词译为“社区”，并与中文的“社会”区别开来。费孝通认为，一个学校，一个村子，一个城市，甚至一个民族、一个国家，只要其中的人都由社会关系结合起来，都是一个社区。当代著名社会学家郑杭生认为，社区是进行一定社会活动、具有某种互动关系和共同文化维系的人类生活群体及其活动区域。随着现代化进程的发展，社区形式日益表现出多样性和复杂性，社区的概念也不断得到了丰富和发展，出现了“网络社区”“虚拟社区”等新的社区形式。

2.我国各地的“社区”范畴界定

社区是社会的重要组成部分，自我国单位制逐步解体以来，社区就成了我国城市社会治理的基本单元。正如 2017 年《中共中央国务院关于加强和完善城乡社区治理的意见》指出：城乡社区治理事关党和国家大政方针贯彻落实，事关居民群众切身利益，事关城乡基层和谐稳定。因此，现行社区更是“行政意义上的”一种“组织形式”。它既是国家治理的基本单元，也是居民生活与日常交往的场所，更是政府与社会的互动场域。

通常认为，社区应包含“一定的地域”“共同的纽带”“社会交往”以及“认同意识”等几个方面的基本要素，是一个社会生活共同体，一个相互联系、相互制约的有机体，社区组织形式则可以是多种多样的。我国自 20 世纪 90 年代推进社区建设实验，当时全国各地的社区界定主要有三种定位：一种是将社区定位在居民委员会（以下简称居委会），将居委会所辖区域作为社区；另一种是定位在街道办事处，以街道所辖区域作为社区；还有一种是将社区定位在街道办事处与规模调整前的居委会之间。经过多年的社区建设实验，又逐渐形成了沈阳模式、江汉模式和上海模式等不同社区组织形式，比如：沈阳经过对居委会规模重新进行调整，将社区定位在小于街道办事处、大于居委会的层面上；武汉市江汉区则在沈阳模式的基础上更进一步，突出社区自治；上海则将社区定位在街道，强调依靠行政力量，在街居联动过程中发展社区各项事业。

3.适合上海社区生活垃圾分类的“社区”范畴

自 20 世纪 90 年代中期以来，“上海模式”的社区建设就与“两级政府、三级管理、四级网络”的城市管理体制改革结合起来，形成了街道社区，同时强调依靠行政力量，在街居联动过程中发展社区各项事业。因此，上海市社区生活垃圾分类试点也具有以“街道”为基本单元进行具体制度设计的特点。发端于 2011 年的生活垃圾分类试点，坚持的是“分级指导、属地管理”的原则，市级负责统筹全市生活垃圾管理技术、标准、政策及物流，区级负责生活垃圾收集、运输、处置工作并承担相应费用，街镇则组织发动市民群众、社会单位积极参与生活垃圾管理，并在 2011 年就要求各区县至少安排一个街镇参与试点，各试点街镇又至少要求三个居住区开展示范推进。因此，上海市的生活垃圾分类试点推进从一开始就具有了以街道为管理单位、以居住

区为试点单元的空间特点。居住区不同于居委会，通常一个居委会由一个或若干个居住区组成，因此，同一个居委会的不同居住区推进的垃圾分类时间起点、设施建设、分类成效等可能都不尽一致。尽管不同居住区接受的是同一个居委会的统一管理和服务，但不同居住区房屋属性、公共空间条件、人群结构、志愿者参与意愿与水平不同，居民参与意愿和分类成效等也会不同。因此，探讨上海市社区生活垃圾分类基本单元应该定位在以居委会为管理单位的“居民区”和居委会下属的“居住小区”（或简称“小区”）。

（二）何谓社区建设

1.社区建设的定义

民政部于 1986 年首次提出了开展社区服务的任务，回应经济社会体制改革进程中城市基层管理服务的需要，揭开了我国发展社区服务的序幕。20 世纪 90 年代初，民政部首次提出“社区建设”的工作思路，并持续对社区建设的可行性、必要性进行研究论证。关于社区建设，民政部基层政权和社区建设司将其定义为：“在党的领导下，在政府主导下，依靠社区力量，利用社区资源，强化社区功能，解决社区问题，促进社区政治、经济、文化、环境健康发展，不断提高社区成员生活水平和生活质量的过程。”在我国学界，不同学者对社区建设的概念表述不尽相同，如王思斌教授认为：“社区建设是人们有意识地建设社区的过程，表现为强化社区要素、增进社区机能的过程和活动。”徐勇教授则认为：“城市社区建设是一项内容广泛的社会系统工程，其实质是对中国传统城市管理体制的改革。”马西恒教授将社区建设表达为：“将特定区域内的各种社会力量组织起来,以整个社区的发展为目标，更好地解决社区问题，促进地区社会的良性运转。”学界对社区建设的种种解说，尽管内容各有侧重，但他们大都把社区建设看作一项系统工程，是全方位的建设，都主张要充分利用社区的各项资源，充分调动社区各方面的力量。

2.社区建设的核心价值

社区建设是伴随着我国“单位制”解体、大量单位人从“单位制”中转移出来，给政府带来了巨大的基层管理压力的必然选择。社区也就因此成为落实和承接社会职能最基本的载体和新型的公共空间，承担着重要的社会功能。事实上，自 20 世纪 80 年代以来，我国社区建设经历了从“社区服务”到“社区管理”再到“社区治理”的三个阶段。经过多年的理论探究和实践，2017 年的《中共中央国务院关于加强和完善城乡社区治理的意见》中对社区治理的目标指向非常明确，即“实现党领导下的政府治理和社会调节、居民自治良性互动，全面提升城乡社区治理法治化、科学化、精细化水平和组织化程度，促进城乡社区治理体系和治理能力现代化”。学界则更强调推进“社区自治”“社区认同”和邻里间的守望相助。如我国著名社会学家费孝通认为：社区建设的目标中，应该确立起以群众自治为核心的基层民主化的主导方向。中国的社区建设不仅是基层政权建设的过程，也是基层社会力量发育的过程。徐勇也认为：强化社区的自治导向，有利于扩大公民政治参与和加强基层民主，并在自治基础上重新塑造政府，实现政府与社会关系的重构，促进社区认同，组织居民参与公共活动，通过公共活动创造社区制度、优化生活设施、产生风俗习惯等社区文化产品，强化居民对于社区的认同感和归属感。尽管政学两界对社区建设的核心目标略有差异，但总体目标都与强调社区参与、居民自治、社区认同感与归属紧密相连。

（三）当前我国城市社区建设的主要困境

作为“生人社会”的城市社区，公寓楼与单元楼是最主要的房屋属性，居民共享一个门洞与楼梯，彼此间却极少交流，社区社会关系薄弱，居民个体也缺少对社区的认同，难以形成真正意义上的“共同体”。具体来看，当前社区建设的主要困境表现在以下方面。

1.居民社区参与明显不足

社区参与是优化居民自治、提升居民认同感和归属感，实现社区治理体系与治理能力现代化的前提和基础。近年来，上海市社区参与在行政推进、财政支持和社区工作者等多元力量的促进下，社区参与确有改善。但谁在参与，参与什么，仍然存在诸多疑问。学者研究发现，参与社区自治的居民主要集中在低保户、党员、楼组长以及社区文艺骨干等群体当中，其中又以老年人为主，寒暑假会季节性地增加少年儿童群体。闵学勤将这个群体描述为“一老一少一低”，并称之为“社区内群体”，即社区内的积极分子，进而形成了参与主体的单一化困境。杨敏教授将社区参与划分为福利性

参与、志愿性参与、娱乐性参与和权益性参与。这种分类方式较好地总结了社区参与的各个方面，但从实际来看，居民参与仍以娱乐性参与、福利性参与为主，志愿性参与为辅，权益性参与则严重不足，反映了居民社区参与深度与程度的结构性问题。

为何居民缺乏参与动力？有学者认为，这是由于城市化程度和人口流动性的提高，居民的社会支持网络逐渐从社区内转移到社区外，从而导致了居民的社区认同和社区参与意识减弱。也有学者认为，社区参与是各个主体在"效用最大化"的驱使下，展开了公共利益创造和分享的博弈，分利能力较强的居民能够积极参与社区活动和建设，分利能力弱的居民则对"社区参与"比较消极。甚至有分析发现，高学历群体普遍表现出了对社区事务的"理性冷漠"，他们追求个体利益而忽视了小区集体利益。也有学者认为，这是因为居委会的行政化以及由此而来的自治功能的缺位贬损了居委会在居民心中的合法性，动员型的参与方式又制约了居民社区参与的积极性，以及传统制度孕育下的臣民意识和"私民"意识影响了居民社区参与的主动性和价值取向，等等。

2.居民社区认同度与归属感仍待加强

当代城市社区是共同体吗？这仍是一个值得商榷、悬而未决的问题。社区认同度反映的是居民对社区功能状况的认同程度以及居民与社区的情感联结强度，它是基于利益相关、居住时间、历史记忆、社会交往等多种因素形成的，居民的社区归属感则是决定社区存在和发展的重要前提，与居民从社区日常生活中所感受到的满意度紧密相关。虽然城市社区存在中等程度的社区归属感，但城市居民与社区之间缺乏紧密的社会联系与经济联系，邻里关系的重要性日渐下降，居民的邻里互动减少，加之社区参与水平低下、社区自治程度不高，城市社区也不能与传统意义上的共同体同日而语。尤其是在商品房社区，城市社区的共同体色彩更加淡化。

3.社区治理体系和治理能力现代化仍有待大力提高

党的十八大和十八届三中全会以来，社会治理成为替代社会管理的新思想与新理念，实现国家治理体系和治理能力现代化也成为我国全面深化改革的总目标。社区也理所当然地从社区管理转变成了社区治理，实现社区治理体系和治理能力现代化成为当下社区治理的总目标。按照 2017 年《中共中央国务院关于加强和完善城乡社区治理的意见》，健全城乡社区治理体系，要充分发挥基层党组织领导核心作用，有效发挥基层政府主导作用，注重发挥基层群众性自治组织基础作用，统筹发挥社会力量协同作用。然而，受国家权力运作模式的历史惯性支配，社区建设长期表现出政府产物的浓厚特征，即政府主导,行政化问题较为突出。社会治理重心下沉更多强化了社区基层组织问题发现、信息传递和服务递送能力，却没有提高解决问题，特别是解决社区小事的能力。社区基层组织淹没在完成行政任务和提供行政服务上，减少了直接为社区居民办理身边小事的精力，行政化和官僚化倾向依然较为明显。

（四）推进社区生活垃圾分类的重要基础：上海社区建设最新进展

上海市作为我国经济高度发达与常住人口超 2500 万的超大型城市，通过 20 余年的努力，社区建设取得了长足的进展。尤其是自 2014 年上海将“创新社会治理加强基层建设”列为“一号课题”以来，围绕“1+6”文件精神，主要在创新社会治理、加强基层建设这一大的目标下，在街道体制改革、居民区治理体系完善、村级治理体系完善、社会力量参与、网格化管理、社区工作者队伍建设 6 大方面取得了显著的成效。社区作为社会治理和基层建设的重要场域，这些成果渗透进社区建设之中，成为近年来促进社区生活垃圾分类的引领力量和路径基础。简介如下。

其一，在这次创新改革中，所有街道取消了招商引资的职能，原有内员与资源全部投入社会治理与民生服务之中，大大提升了街道直接服务群众的能力。同时，提高了对街道公共服务、公共管理与公共安全的考核比重，并制定了职能部门事务下沉街道的准入机制、街镇行政权力清单和行政责任清单，把街道精力聚集在社会治理和公共服务上。街道重点职能的转换，使社区生活垃圾分类工作成为街道年度工作重点成为可能。

其二，基层党建大大加强，奠定了街道党工委在各类基层组织和创新社会治理中的领导核心作用，新建了社区党委，推进了社区委员会、社区代表会议等社区共治平台的功能整合与工作融合，区域化党建平台不断加强，增加了居民区党组织的社区资源统筹能力。社会组织参与社会治理的空间得到了大力拓展，政府专门出台了购买服务的指导目标和承接社会服务社会组织指导目标，建立了统一、公开、透明的政府购买服务公共管理平台，更好地发挥社会组织在社区治理中的作用。以上成就的取得，使社区党建当然地成为社区生活垃圾分类工作的重要引导，不少街镇还购买了专业社会组织服务，推进社区生活垃圾分类。爱芬环保作为一家专业推进社区生活垃圾分类

的环保组织，近年来承接基层街道购买的专业服务资金明显提升，服务社区的覆盖面明显扩大。

其三，完善社区自治，在居民区形成居委会及其下属委员会、居民小组、楼组，形成上下贯通、左右联动的居委会组织体系。不断健全自下而上的自治议题、项目形成机制和自下而上的居委会工作评价体系，以居（村）民需求为导向开展居村自治。推进住宅小区综合治理，建立以居民区党组织为核心，以居委会、业委会、物业公司、驻区单位、居民代表等为主体的共同参与的住宅小区治理架构，动员社区多元力量参与，提升居民居住环境质量。社区自治和综合治理主体结构的优化，成为沪上不少社区促进生活垃圾分类的重要抓手，如静安扬波大厦和徐汇梅陇三村即是如此。

其四，市级加大了对社区管理一般性转移支付水平，对社区管理、城市维护与教育等领域加以重点保障，加大基层组织和社区公共服务的财力保障。落实城管执法等管理队伍下沉街镇，推动街镇房管办、绿化市容管理等部门实行“街镇属、街镇管、街镇用”的管理体制，推进重心下移、权责下放、资源下沉、权责统一。同时，街道乡镇网格化管理做实，网格化管理进一步向居村延伸，建立居村工作站，逐步实现全市公共区域网格化管理全覆盖，并搭建了多部门联勤联动工作平台，建立网格化综合管理责任清单。网格化管理在基层社会治理中的作用进一步发挥，城市精细化管理水平大大加强。这些改革，为实现社区生活垃圾分类社区执法提供了人力、物力和财力基础。

其五，专业化社区工作者队伍建设大大加强。对于居（村）委会书记经过规定程序纳入事业编制，全市建立了统一规范的社区工作者职业化体系，居（村）委会队伍年龄结构、学历结构、专业结构进一步优化，并加强了对居（村）委会书记、社区工作者的专业化培训，提升了基层队伍的素质能力。社区工作人员队伍的专业化和年轻化为促进社区生活垃圾分类提供了重要的人力资源支持。

尽管上海市的社区居民生活垃圾分类是以居委会为基本管理单位，以居委会下属的小区为独立的推进单元，在实践中同一居委会下属的不同小区社区治理水平与垃圾分类成效差异显著，但上海市在基层社区建设方面取得的成果，毫无疑问是推进社区生活垃圾分类的重要保障。

二、社区建设与推进居民生活垃圾分类的关系

社区是居民对生活垃圾进行分类的初始场域，是推进实现生活垃圾善治的重要起点。社区生活垃圾分类善治必然需要全体居民的支持和配合，也需要社区治理主体的积极推动引导与持续有效发力。然而在居民对社区公共事务参与意识薄弱、居民社区归属感和认同度不强、社区治理体系和治理能力仍然欠缺的当下，何以促成居民普遍参与生活垃圾分类，并将社区建设与社区生活垃圾分类有效衔接起来，这类议题当前不仅缺乏学术上的讨论，也缺乏对当前现象或过往经验的总结。因此，这里有必要先对相关政策和文件进行分析，并以此为基础分析社区治理与社区生活垃圾分类推进的必然性和可行性。具体来说，主要从两者治理主体的基本一致性以及社区生活垃圾治理考核日益嵌入社区治理目标来进行说明。

（一）居民区社区治理与推进居民生活垃圾分类主体基本一致

从政府行政管理的条线来看，社区治理与推进居民生活垃圾分类主体区别明显，前者是由民政部门、社会建设部门及相关管理部门主导，后者由绿化市容局、商务委、环保局等相关管理部门主导，但具体到居民区而言，两者的治理主体则高度重叠一致。上海从总体上来看，实行的是“两级政府、三级管理、四级网格”的行政管理组织体制，但无论是社区治理还是社区生活垃圾治理行政管理都只到街道（镇），具体落实则必然需要下沉到各个居民区。

从社区治理来看，在街道层面，街道党工委是各类基层组织和创新社会治理中的领导核心，社区党委、社区委员会、社区代表会议等是社区共治平台；在居民区层面，则是由居委会、业委会、物业公司、驻区单位、居民代表为基本组织架构，共同参与住宅小区治理。居委会及其下属委员会、居民小组、楼组是居委会的组织体系。

在居民区治理主体中，居委会通常是促进社区善治的关键性枢纽组织。虽从《中华人民共和国城市居民委员会组织法》来看，居委会是居民自我管理、自我教育、自我服务的基层群众性自治组织，但同时它负有宣传宪法、法律、法规和国家的政策，维护居民的合法权益，教育居民履行依法应尽的义务，爱护公共财产，开展多种形式的社会主义精神文明建设活动，协助人民政府或者它的派出机关做好与居民利益有关的公共卫生等项工作，调解民间纠纷等任务。实际上，居委会经常被纳入基层政府组

织体系中，其独立性和自治性都受到一定的限制。居委会选举、经费的来源、工作任务的确定，都受街镇的领导与控制，政府组织不仅直接给居委会下派任务，而且还确定具体的指标进行考核。"上面千条线，下面一根针"，居委会的领导力和执行力常常成为区别不同社区建设和治理成效的关键因素。

推进社区生活垃圾分类的基层行政管理职责也在街道，由街道党工委领导，不少街道甚至直接将促进居民区生活垃圾分类职责放在社区办，与社区治理职能放在同一个部门。具体到居民区，其组织架构通常与社区治理组织架构基本一致，即由居委会、业委会、物业公司、居委会下属委员会、居民小组、楼组、驻区单位、居民代表等组成。

从法律上来看，《上海市生活垃圾管理条例》（以下简称《条例》）对推进居民区垃圾分类有具体的职责规定，《条例》要求乡镇人民政府和街道办事处将生活垃圾管理纳入基层社会治理工作，加强组织协调和指导，并鼓励通过购买服务方式，支持各类社会组织参与生活垃圾管理活动。同时，《条例》对推进居民区生活垃圾管理工作主体工作职责进行了具体阐述，要求全市建立健全以居民区、村党组织为领导核心，居委会或者村民委员会（以下简称村委会）、业主委员会、物业服务企业、业主等共同参与的工作机制，共同推进生活垃圾管理工作，并对各居民区各主体具体职责约定。《条例》还要求居委会、村委会配合乡镇人民政府和街道办事处做好生活垃圾源头减量和分类投放的组织、动员、宣传、指导工作，并倡导居委会和村委会将生活垃圾分类要求纳入居民公约和村规民约。《条例》同时规定，对于住宅小区生活垃圾分类投放管理责任由业主委托物业服务企业实施物业管理的，物业服务企业为管理责任人。农村居民点，村委会为管理责任人。无法确定管理责任人的，由所在地乡镇人民政府、街道办事处确定管理责任人。管理责任人应当在住宅小区和农村居民点的生活垃圾收集运输交付点设置可回收物、有害垃圾、湿垃圾、干垃圾四类收集容器；在其他公共区域设置收集容器的，湿垃圾、干垃圾两类收集容器应当成组设置。管理责任人还应当对投放人的分类投放行为进行指导，发现投放人不按分类标准投放的，应当要求投放人改正。投放人拒不改正的，管理责任人可以向所在地的乡镇人民政府或者街道办事处举报。此外，管理责任人还应当将需要驳运的生活垃圾，分类驳运至生活垃圾收集运输交付点，发现收集、运输单位违反分类收集、运输要求的，可以向乡镇人民政府或者街道办事处举报等。

实际上，居委会通常是大多数社区推进居民生活垃圾分类的实际上的管理责任主体。这也可以从 2019 年 2 月《上海市人民政府办公厅关于印发贯彻〈上海市生活垃圾管理条例〉推进全程分类体系建设实施意见的通知》（以下简称《通知》）中看出端倪。该《通知》要求："市级统筹、区级组织、街镇落实"是推进生活垃圾分类的组织思路，"两级政府、三级管理、四级网格"是生活垃圾分类的责任体系，并要以此加以落实属地政府和社区管理的职责，细化各部门、区政府的责任分工，将具体量化工作目标和任务指标责任到人。同时，明确规定将垃圾分类工作纳入基层尤其是居民区党组织管理工作职责，发挥基层党组织核心作用，形成社区党组织、居委会、物业、业委会的"四位一体"合力抓实四级生活垃圾分类工作联席会议制度，特别是落实街镇联办及居（村）委会每 1—2 周的垃圾分类工作分析评价制度，发挥居民自治功能，充分调动居民的积极性和主动性。对接网格化管理机制，加大对居住区生活垃圾分类工作监督检查频率，定期分析发现的问题，并建立情况通报机制，等等。

（二）促进居民生活垃圾分类成效已成为社区建设考核目标

自 2011 年上海市推进生活垃圾分类试点以来，为促进居委会和居民区参与的积极性，长期以物质奖励和精神激励为主，直至 2017 年国务院办公厅转发国家发展改革委员会、住房和城乡建设部制订的《生活垃圾分类制度实施方案》出台，方案的强制性助推了地方政府的强制措施出台。该方案要求到 2020 年底，基本建立垃圾分类相关法律法规和标准体系，形成可复制、可推广的生活垃圾分类模式，在实施生活垃圾强制分类的城市，生活垃圾回收利用率达到 35%以上。

为此，上海加大了在居民区开展生活垃圾分类的工作力度，2018 年初就发布了《关于建立完善本市生活垃圾全程分类体系的实施方案》《上海市生活垃圾全程分类体系建设行动计划（2018—2020 年）》，不仅进一步明确了上海市垃圾全程分类体系建设目标，细化了相关工作举措，并在方案、计划中提出将垃圾分类纳入住宅小区综合治理考核体系，加强考核督办，确保源头分类实效。与此同时，又将住宅小区的综合治理与"美丽家园"建设、生活垃圾分类协同起来，在 2015 年以来发布的《关于加强本市住宅小区综合治理工作的意见》和《上海市加强住宅小区综合治理三年行动计划（2015—2017）》系列成果取得的基础上，于 2018 年初发布了《本市住宅小区建设"美丽家园"三年行动计划（2018—2020）》，其中明确要求将"强化小区垃圾综合治理""推行生活垃圾定点分类投放管理模式"等内容纳入其中，为上海市垃圾分类工作增

加有力抓手。

2019年初，上海市绿化市容局为有效配合《上海市生活垃圾管理条例》的具体落实，会同相关部门研究制定了《关于贯彻落实〈上海市生活垃圾管理条例〉推进全程分类体系建设的实施意见》，其中明确提出要推进基层建设，将垃圾分类工作纳入基层尤其是居民区党组织管理工作职责，发挥基层党组织核心作用，形成社区党组织、居委会、物业、业委会的“四位一体”，合力抓实四级垃圾分类联席会议制度，特别是落实街镇联办及居（村）委会每1—2周的垃圾分类工作分析评价制度，发挥居民自治功能，充分调动居民的积极性和主动性。

不仅如此，越来越多的社区工作评比和社区工作绩效考核都将促进垃圾分类纳入其中，促进居民生活垃圾分类成效成为社区建设不可分割的重要组成部分。

三、社区建设与垃圾分类协同互动是否可能

尽管从制度上和管理上，上海市在居民区推进社区建设与促进垃圾分类体现出了越来越多的共性和共通之处，但不少居民区对如何实现协同互动仍然存在疑虑。为此，课题组以爱芬环保在静安区宝山路街道、共和新路街道、彭浦新村街道和北站街道开展过垃圾分类服务的212个小区为研究对象进行了抽样问卷调查，从实证的角度分析社区建设与促进生活垃圾分类协同互动的可能性和可行性。

此次研究于上海强制推进垃圾分类之前的2019年5月进行，并同时对居民采用实地问卷调查和对居委会工作人员进行了线上问卷调查。7月1日以后，为增强课题研究的时效性，又于7月底增加了对居委会工作人员的线上调查。

（一）基于居民的问卷调查

居民是垃圾分类的主体，因此，对居民进行实地问卷调查是本次调查的重中之重。基于研究者们的前期研究结果，发现绿色账户数据与小区垃圾分类实际成效匹配度较差【具体参见《上海垃圾分类的激励机制探讨（2018年）》】，因此，以爱芬环保组织工作人员根据长年一线工作积累的经验所完成的“居民自主参与分类率”的评判为垃圾分类实际成效的依据，对四个街道的小区按优、良、差三个等级进行了评价。接着按等比办法，最终决定选择四个街道的20个小区，再按小区居民户数排序后进行插

值取样，再由爱芬志愿者实地发放问卷，共完成了475份问卷。

（二）基于居委会工作人员的问卷调查

居委会是上海市推进小区垃圾分类最多的主体，尽管也有部分小区的垃圾分类以业主、物业为主导加以推进，但绝大多数小区负主责的主体是居委会。因此，本研究还专门对居委会就垃圾分类与社区建设关系进行了问卷调查。具体仍以静安区宝山路街道、共和新村街道、彭浦新村街道和北站街道为对象，并覆盖此四个街道的全部居委会。爱芬社区志愿者与这些居委会有着每周一次的会议机会，因此，开展线上无记名问卷调查有着极好的条件。通过与各个居委会进行当面沟通，于2019年5月通过微信链接形式发放了《垃圾分类与社区建设问卷调查表》，获得256份问卷结果。由于课题组成员考虑到2019年7月1日以后上海已进入垃圾分类强制时代，又于2019年7月底对居委会工作人员增加了《法制强制时代垃圾分类与社区建设关系调查表》，共获得了248份问卷。

四、社区建设与垃圾分类协同互动的机遇和挑战

上海市自2011年推进居民区生活垃圾分类试点，但前期推进速度较为缓慢，因此，不同小区推进的先后顺序和时间长度不一，居民受垃圾分类宣传教育的力度和频度不一，加之社区规模有大有小，社区房屋属性有高档和普通之分，社区治理水平也不一致，这些因素都有可能影响到居民区生活垃圾分类成效。反之，在不同社区推进生活垃圾分类也会因为这些因素对社区建设产生不同的影响。因此，在对静安区四个街道的问卷调查中，对样本的选择进行了较多方面的控制，从垃圾分类成效差异、社区规模大小、社区推进生活垃圾分类时间早晚、调查人群社区身份选择、年龄选择等方面尽量覆盖不同小区和不同人群。因此，问卷数据结果应该比较客观和准确。

（一）优化社区物理空间的机遇和挑战

社区物理空间是确保居民生活质量的基础条件，高档商品房小区与老式公房小区的物理空间就明显存在差异，居民私域空间、公共活动空间与环境卫生空间条件都存在明显差别。实证表明，推进居民生活垃圾分类成为优化社区物理空间的一次契机。

1.社区环卫设施普遍改善

近年来，随着上海市推进生活垃圾分类的逐渐深入，社区物理空间迎来一次改善的良机，与垃圾分类相关的垃圾桶得到更新，垃圾厢房得到改造。按政策规定，垃圾分类桶由物业负责购买，垃圾厢房的改造则基本上由街镇基层政府专项资金出资。自上海市推进生活垃圾分类以来，不少小区已经按照《关于建立完善本市生活垃圾全程分类体系的实施方案》的要求对垃圾厢房进行了新建改造，我们在静安区四个街道得到的 475 份居民问卷调研结果表明，62.53%以上的居民认为小区垃圾桶和垃圾厢房的硬件设施明显改善（见图 1-1）。

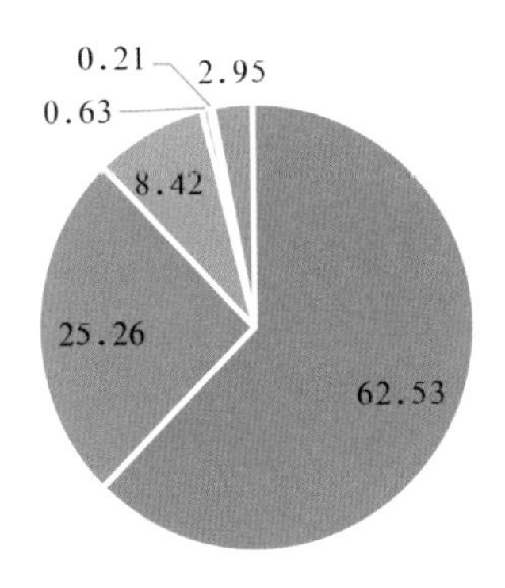

图1-1　基于居民的“垃圾桶和垃圾厢房的硬件设施”调查结果（单位：%）

居委会工作人员也同样认为，推进垃圾分类对社区物理空间建设有明显的促进作用，认为开展垃圾分类以来，小区垃圾桶和垃圾厢房硬铁皮设施有明显改善的比例比居民认为更高，达 70.3%（见图 1-2）。

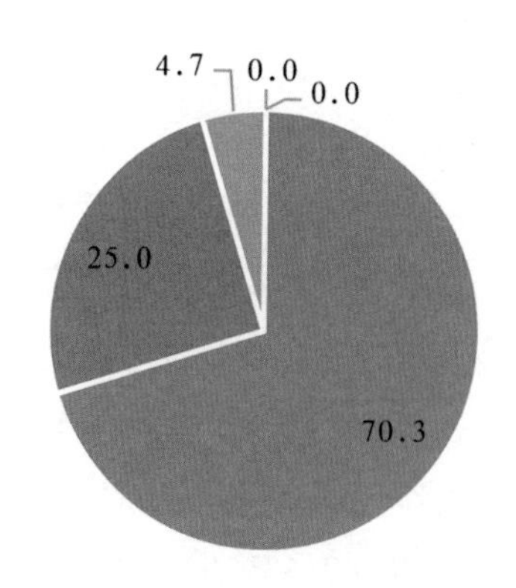

图1-2　基于居委会工作人员的“垃圾桶和垃圾厢房的硬件设施”调查结果（单位：%）

2.社区公共卫生明显提升

在推进垃圾分类设施改造的同时，一些小区利用这些机会，修缮了小区道路、提升了小区绿化、改造了公共活动区域，全面提升了小区公共空间的物理条件。经调查，大部分居民认为，推进垃圾分类以来，社区公共环境卫生有明显改善（见图 1–3）。

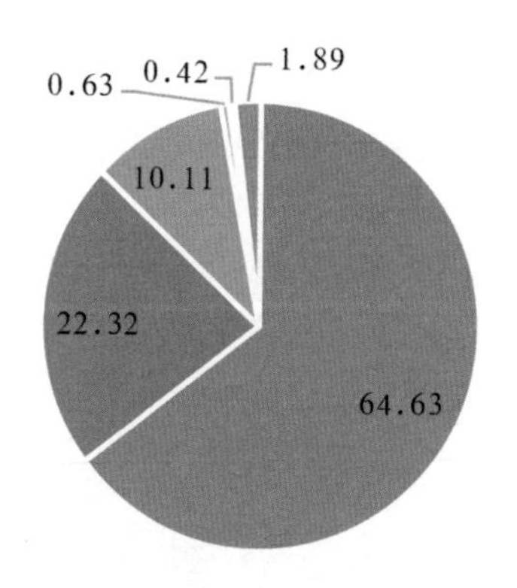

图1–3　基于居民的“社区公共环境卫生”调查结果（单位：%）

居委会工作人员对小区推进垃圾分类以来公共环境卫生的改善同样给予了更高的评价，74.6%的成员认为有明显改善（见图 1–4）。

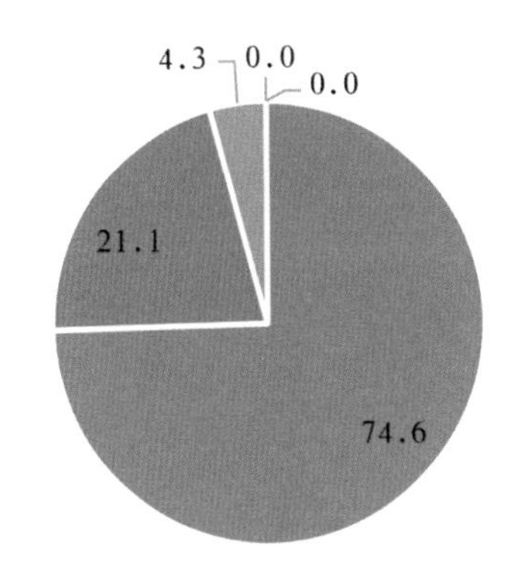

图1–4 基于居委会工作人员的“社区公共环境卫生”调查结果（单位：%）

可见，无论是居民还是作为垃圾分类推进主体之一的居委会，普遍认同推进垃圾分类有利于改善社区公共物理空间。当然，社区物理空间的改造和升级牵涉业主的认可和支持，还可能涉及物业维修基金的使用，环卫设施的改造升级的主要目标也是为了方便社区更好地推进垃圾分类，且绝大部分小区垃圾桶撤并变少，甚至全小区只剩下极少的垃圾投放点，这可能导致部分居民的不满情绪。因此，如何让业主接受公共区域环境卫生改造和环卫设施更新所需的资金，以及如何让居民接受环卫设施的重新放置，需要相关社区治理主体注意工作方式方法。

同时值得一提的是，据调查，社区物理空间的差异对垃圾分类成效并不带来显著影响，房屋类型是否高档对垃圾分类成效的影响并不明显，甚至一些高档社区垃圾分类成效还不如一般的老公房小区。

3. 强制分类以来环境卫生面临新的挑战

硬件设施的改造并不当然地可以提升环境卫生水平，尤其是 2019 年 7 月 1 日强制分类、不分类不收运。据有关报道，直到目前上海市仍然存在不少小区垃圾箱房改造后并没有启用，垃圾桶摆放在露天位置，垃圾投放仍然未实现有效分类，甚至散落在周围。大部分小区虽然进行了垃圾分类，但仍然只能在垃圾厢房外面由志愿者监督完成，垃圾厢房避风挡雨的功效未能有效发挥。有些小区湿垃圾投放周围的卫生设施也较简陋，缺乏洗水池等净手设备，而且也存在湿垃圾收运车辆运作粗暴，垃圾箱房外围经常被泔水和湿垃圾大面积污染的窘境，社区公共环境卫生也因此被不少居民吐槽。

（二）提升社区社会建设的机遇和挑战

社区建设的根本目标是建设一个和谐的、邻里守望相助的共同体。推进居民生活垃圾分类的确是提升社区社会建设的机遇，但也可能遇到更多的居民抗议和邻里矛盾。

当然，据来自静安区的调查表明，近年来，社区在推进垃圾分类过程中，四个街道在社区居民参与、邻里关系和社区认同等方面都有明显的改善。

1.社区参与明显提升

59.8%的受访居民认为，推进垃圾分类以来，居民家庭对参与社区事务的热情有明显改善，23.8%的居民家庭有较小改善，有些变化和明显变差的回答分别仅一位居民（见图 1–5）。

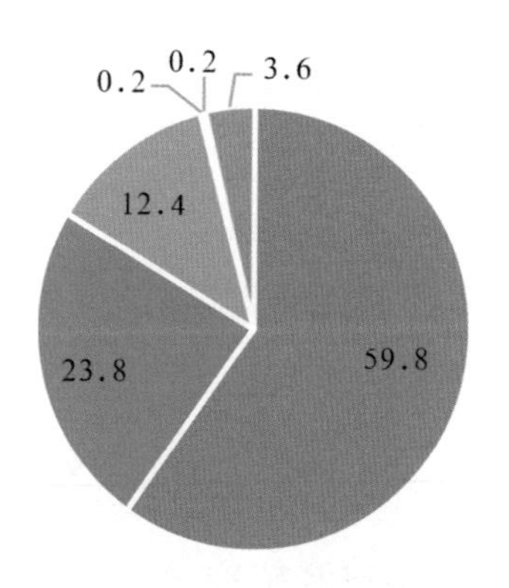

图1–5　基于居民的“您家参与社区事务的热情”调查结果（单位：%）

居委会工作人员给予的评价更高，认为推进垃圾分类以来，居民参与社区事务的热情有明显改善的高达 63.7%，较小改善的也有 31.3%，两者高达 95%。认为对改善居民社区参与无帮助的为5.0%（见图 1–6）。

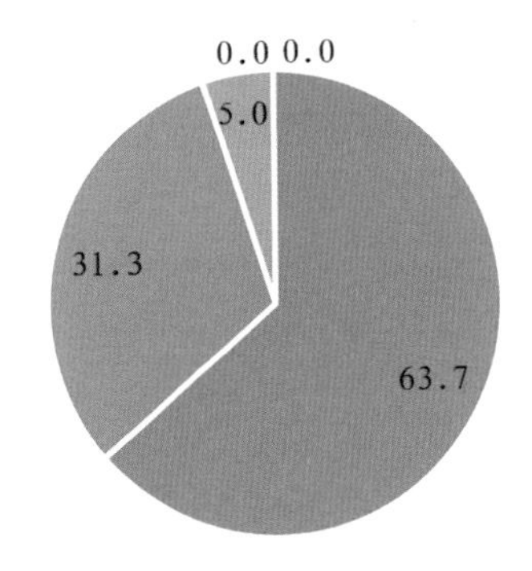

图1-6 基于居委会工作人员的“居民参与社区事务的热情”调查结果（单位：%）

可见，垃圾分类这项涉及所有居民的公共事务，显著地带动了社区居民对社区事务的关注。

2.邻里关系竟有显著改善

来自静安区的调查表明，推进垃圾分类以来，58.1%的居民认为邻里关系有明显改善，23.4%的居民认为有较小改善，选择有些变化和明显变差的居民只占 0.8%（见图 1-7）。

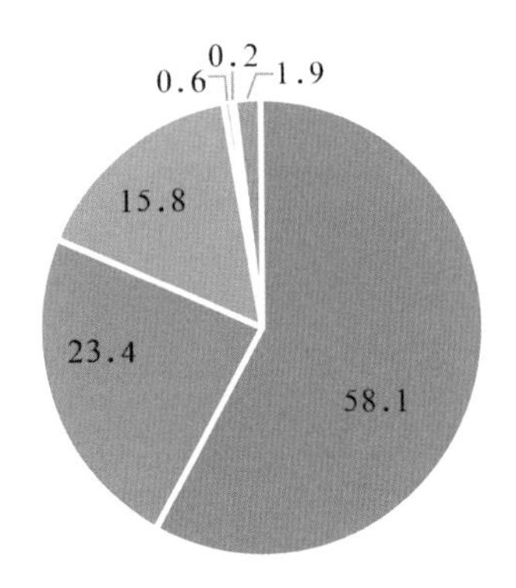

图1-7 基于居民的“邻里关系”调查结果（单位：%）

居委会工作人员也认为，推进垃圾分类以来，邻里关系有明显改善，数据达到 57.4%，另外还有 28.1%的成员认为有较小改善，无一位居委工作人员认为邻里关系变差（见图1–8）。

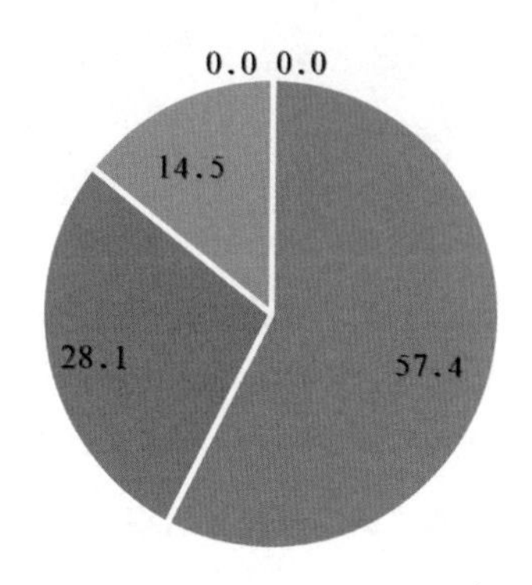

图1–8　基于居委会工作人员的“邻里关系”调查结果（单位：%）

尽管上海市自 2000 年起就已逐步推进社区生活垃圾分类，但大范围覆盖仍是最近的事情。尽管居民与居委会工作人员普遍认为推进垃圾分类使邻里关系有明显或较小的改善，但仍有较大比例的社区矛盾是因垃圾分类而引起的，个别社区因垃圾分类导致的居民矛盾甚至高达 80%以上（见图 1–9）。这当然是生活垃圾分类转型时期的阵痛，却是社区治理主体必须面对的一大考验。

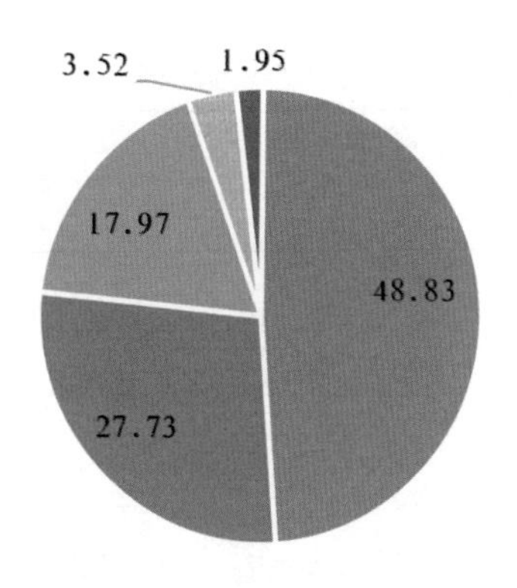

图1–9　社区因推进垃圾分类导致的居民矛盾比重（单位：%）

3.社区认同明显提高

社区认同是社区建设的重要指标之一。社区物理空间的优化、社区参与的提升与邻里关系的改善通常会提升居民的社区认同，调查问卷统计结果有力地说明了这一点。63.2%的居民认为自推进垃圾分类以来，居民家庭对小区的热爱程度有明显改善，21.1%的居民认为有较小改善，这两项数据加起来达到 84.3%。对社区认同度变差的只占总数的 0.6%，只有极个别的居民家庭因推进垃圾分类减弱了对社区的认同(见图 1-10)。

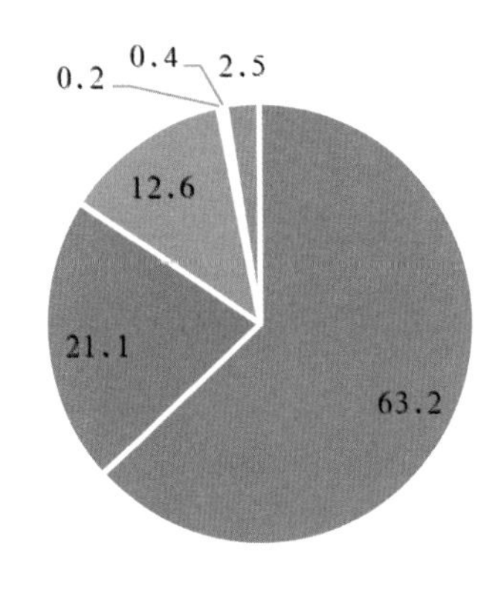

图1-10 “您家对小区的热爱程度”调查结果（单位：%）

4.垃圾分类嵌入社区建设——社区工作方式的挑战

总之，推进居民生活垃圾分类是社区社会建设的一次重要契机，自 2019 年 7 月 1 日以来，来自不少小区的观察和有关媒体的报道显示：垃圾投放的定时定点大大增强了邻居们见面和聊天的概率和频次，垃圾投放点成为重要的公共空间。据静安区四个街道居委会工作同志的问卷调查结果，居民参与社区事务的热情、社区志愿者/党员的先锋模范作用、邻里关系和谐度和邻里关系紧密度进一步显著提升（见图 1—11）。然而，如何利用这一契机推进社区认同与社区参与，提升社区治理水平，仍是对社区治理主体如何设计工作方法的一大考验。

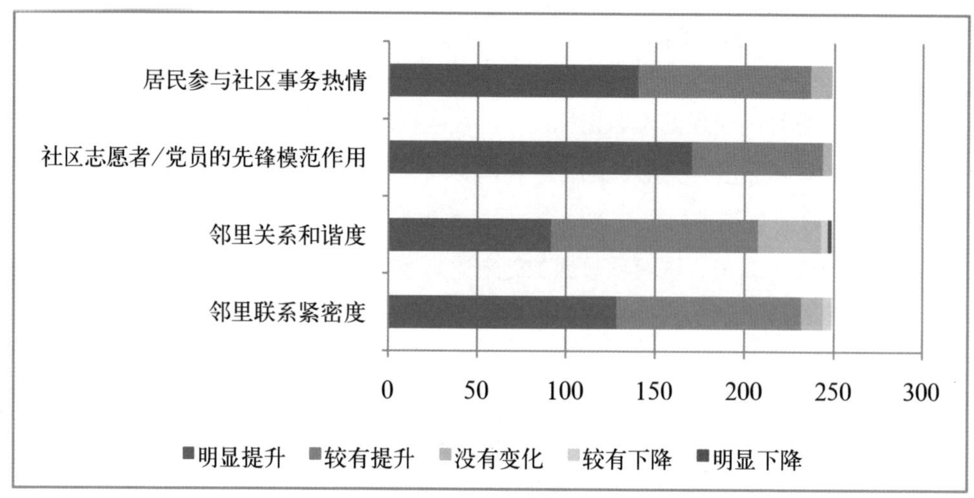

图 1–11 “社区治理状况发生了怎样的改变？”调查结果（单位：%）

（三）推进居民生态文明思想和行为的机遇和挑战

推进居民生活垃圾分类不仅是实现垃圾治理、摆脱“垃圾围城”的有效路径，也是一次覆盖全民的生态文明教育，是促进人们身体健康与生活安全的重要组成部分，是我国“五位一体”中国特色社会主义建设的重要方面。自推进垃圾分类以来，居民环境意识与环境行为有了明显提升。

1.居民环境意识显著提升

来自静安区的调研数据表明，居民与居委会工作人员的环境意识相当之高。97%以上居民认同垃圾分类有利于保护环境、节约资源、减少国家治污成本、让社区生活更美好，并能给孩子树立良好的榜样，让居民个人有成就感（见表 1–1）。

表 1-1 居民环境意识调查表（单位：%）

	非常认同	比较认同	不太认同	很不认同	没想过
垃圾分类有利于保护环境、节约资源，值得我们去做	84.84	13.47	0.63	0.63	0.42
垃圾分类可以帮助国家减少治污成本，值得我们去做	84.00	12.84	1.89	0.84	0.42
垃圾分类让社区更美好，值得我们去做	85.05	12.63	1.68	0.21	0.42
垃圾分类可以为孩子树立榜样，值得我们去做	84.21	13.47	1.68	0.21	0.42
垃圾分类让人有成就感，值得我们去做	81.47	15.79	2.11	0.21	0.42

居委会工作人员也同样认为，这不仅仅是为了完成居委会交代的工作任务(89%认同度)和让本社区工作更突出(74%认同度)，也是为了给他人树立榜样(90%认同度)、改善小区的环境和保护人类共同的生态环境(91%认同度)（见表 1-2）。

表 1-2 居委会工作人员环境意识调查表（单位：%）

	影响很大	影响比较大	影响一般	影响比较小	没有影响
是为了保护我们人类共同的生态环境	51.56	38.67	8.59	0.78	0.39
是为了改善我们小区的环境	56.64	32.81	9.77	0.00	0.78
是为了完成居委会/单位交代的工作任务	35.94	33.20	25.00	3.52	2.34
是为了让我的社区垃圾分类成效比其他社区更突出	37.89	35.94	21.88	3.52	0.78
是为了给他人（比如孩子）树立榜样	54.69	35.16	8.59	1.56	0.00

2.居民环境行为明显改善

来自 2019 年 5 月的数据表明，静安区四个街道的居民能较正确地投放湿垃圾的比例已达到 65%以上（见表 1–3）。

表 1–3 居民环境行为调查表（单位：%）

	20%以下	20%–40%	40%–60%	60%–80%	80%以上
您自己能正确投放湿垃圾的概率	4.42	4.21	11.79	34.32	45.26
您的家人能正确投放湿垃圾的概率	4.21	6.53	12.21	35.79	41.26
邻居们能正确投放湿垃圾的概率	3.37	8.42	22.53	35.58	30.11

从居委会工作人员得到的数据则显示，自 2019 年 7 月以来，居民正确参与湿垃圾投放的比重大大提升（见表 1–4）。

表 1–4 居委会工作人员环境行为调查表（单位：%）

	20%以下	20%–40%	40%–60%	60%–80%	80%以上	几乎 100%
7 月垃圾分类成效最好的小区能正确投放湿垃圾的居民比重	2.42	5.65	10.89	32.26	40.32	8.47
5 月垃圾分类成效最好的小区能正确投放湿垃圾的居民比重	2.73	20.70	32.03	24.61	19.92	–
7 月垃圾分类成效最差的小区能正确投放湿垃圾的居民比重	12.10	15.73	27.02	24.60	17.34	3.23
5 月垃圾分类成效最差的小区能正确投放湿垃圾的居民比重	19.92	39.06	24.61	12.11	4.30	–

然而，尽管现阶段居民体现在垃圾分类方面的环境意识与环境行为的大幅提升是显著的，但要持续不断地加强并形成居民的生活习惯，仍然需要持续不断的工作和努力。目前，仍有不少声音在质疑居民生活垃圾分类的科学性和它的价值，加之生活垃圾分类确实给不同人群带来了不同的生活影响，这对于居民区治理主体而言，将是一项长期需要纳入工作范畴的职责和使命。

（四）提升社区治理能力与治理体系现代化水平的机遇和挑战

1.社区治理主体结构优化的机遇与挑战

一般而言，居委会、业委会与物业被称为社区治理的三驾马车。然而，现实中常常以居委会为社区治理行动主体，大多数情况下必须独立承担各类社区治理事务。近年来，随着上海市“1+6”文件精神的不断落实，小区业委会与物业开始在社区治理中起到了越来越积极的作用。《上海市生活垃圾管理条例》的颁布和实施为小区物业对促进社区居民生活垃圾分类有了更高的积极性，而且随着基层政府增强对第三方环保组织对促进生活垃圾分类推进服务的购买，社区治理主体越来越多元。一些基层政府还积极探索将驻区单位纳入社区治理体系之中，如一些街镇将房屋中介机构纳入促进社区垃圾分类联盟，在发展租售业务的同时宣传垃圾分类。总之，随着上海市日益强调居民区党组织的领导地位，强调驻区单位、社会组织与居民的参与，居民区促进生活垃圾分类主体日益丰富和完善。

当然，尽管《上海市生活垃圾管理条例》明确规定小区生活垃圾多元责任主体，但在静安区的调研中，无论是法制强制时代之前，还是法制强制时代以来，居委会一直是推进垃圾分类最重要的践行者。

2019 年 5 月，静安区四个街道居委会工作人员对问题：“您觉得，2019 年 7 月 1 日《上海市垃圾分类管理条例》垃圾分类进入强制时代以后，以下社区治理主体对推进居民正确投放湿垃圾的管理责任会有什么变化？”给予的回答结果如下(见图 1–12)。

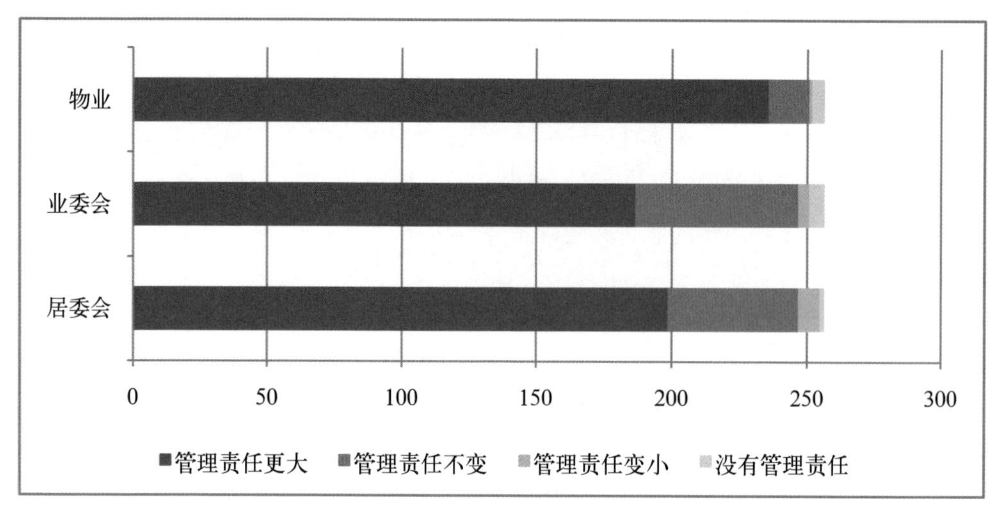

图 1-12　居委会工作人员管理责任调查结果（%）

2019 年 7 月下旬，来自同一群体的居委会工作人员对“自 7 月 1 日以来，以下社区治理主体在推进居民正确投放垃圾方面的工作投入发生了怎样的变化？”给予回答结果如下（见图 1-13）。

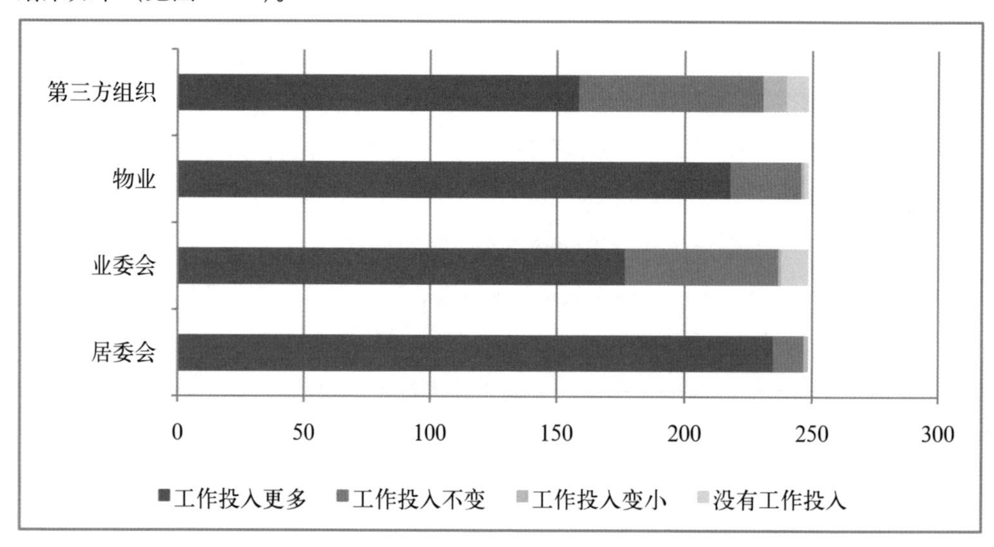

图 1-13　居委会工作人员工作投入调查结果（%）

可见，居委会仍将长期承担推进社区生活垃圾分类的使命，在促进社区生活垃圾治理中发挥重要的作用。

2.社区治理能力提升的机遇和挑战

推进居民生活垃圾分类涉及最广泛的居民人群，尽管不少居民有废弃物回收的生活经验，但绝大多数居民对湿垃圾分类并除袋投放是有抵触情绪的，而且依然有不少居民对垃圾分类知识缺乏掌握、对垃圾分类设施安置和分类时间安排等存在意见。社区如何配合政府相关部门持续将垃圾分类落实到位，是对社区各大治理主体的一次深度考验。

来自静安区的调查数据表明，推进垃圾分类工作成为 2019 年居委会工作的主要工作之一，甚至有 10.55%的工作人员感觉推进垃圾分类工作占了全部工作的 80%以上，认为占全部工作比重达 60%−80%的也有 16.41%的比例，40.63%的工作人员则认为推进垃圾分类工作占了全部工作的 40%−60%。这三类人群加起来，达到了全部调查样本的 67.59%之高（见图 1−14）。

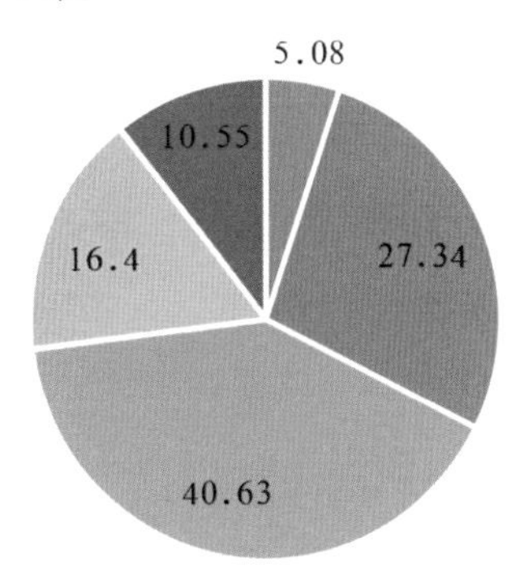

图1−14 “推进垃圾分类占您居委会工作的比重”调查结果（单位：%）

但生活垃圾分类也为社区建设提供了独特的机会和平台，尽管垃圾分类占用了大部分居委会人员的工作时间，同时他们也认为，推进垃圾分类对增加社区制度建设有明显帮助：60.5%的成员认为推进垃圾分类以来，社区居民公约制度推进有明显改善，同时有 32.8%的成员认为有较小改善，两者加起来达到了 93.3%的高比例（见图 1−15）。

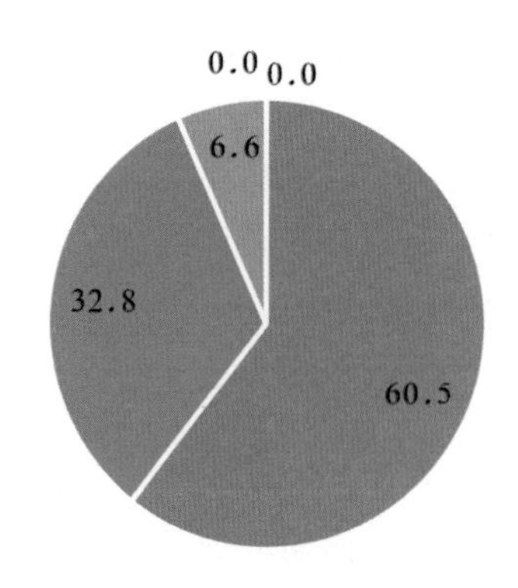

图1-15 “社区居民公约制度推进情况”调查结果（单位：%）

来自 2019 年 7 月 1 日以来的调查数据表明，在对法律约束、政府管理、居民自觉、居委会、业委会、物业、志愿者对于有效推进垃圾分类的排序中，居委会将自身的有效度排在“居民自我环境意识”之后，成为第二重要因素，“业委会的积极推进”“物业管理的积极推进”“志愿者的监督与感化”分别位居第三、第四、第五位，而“法律强制要求分类”和“城管执法执行力度”居然排在倒数第二位和倒数第一位（见图 1-16）。可见，有效的社区治理将是比法律强制更重要的垃圾分类推进手段。

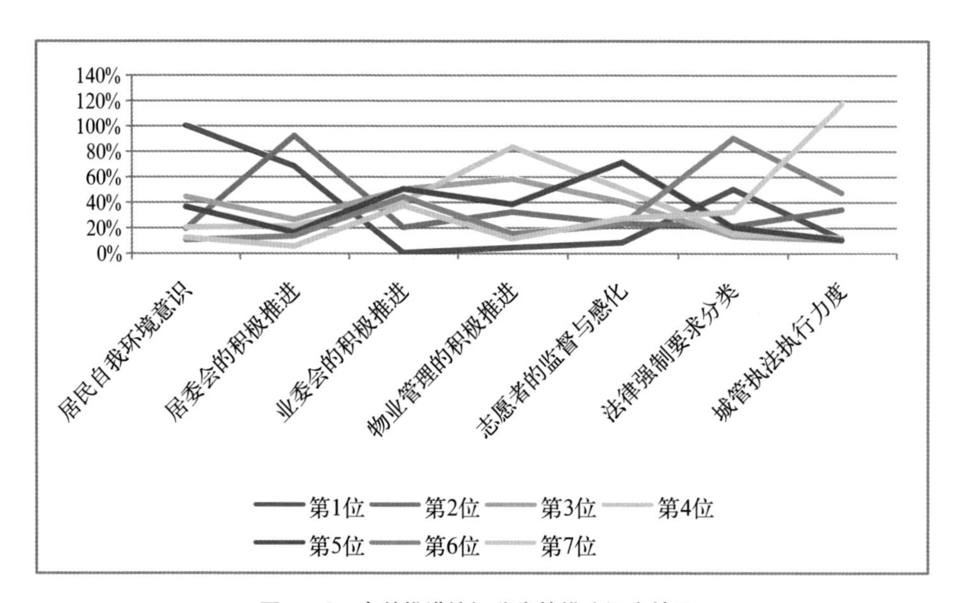

图 1-16 有效推进垃圾分类的排序调查结果

五、推进居民生活垃圾分类有效性因素的回归分析

为进一步分析社区建设与生活垃圾分类的内在关联，总结居民区有效推进生活垃圾分类的经验，借助问卷调查结果，本研究以回归分析为具体方法，研究了社区各类影响居民区生活垃圾分类成效的因素，并在此基础上探讨了社区治理与居民区生活垃圾分类的关系。

（一）基于居民的问卷调查结果分析

1.分析方法解释

这部分的研究主要为分析居民个人特征、社区治理状况、垃圾分类宣传方式、垃圾分类外部监督和影响方式对居民参与垃圾分类行为的影响。在个人层面，分析了受访者的年龄、性别、学历、政治面貌、家庭年收入水平、小区居住时长以及环境意识7个变量。在社区治理层面，分析了社区的邻里和谐度、志愿者/党员先锋模范作用、社区物业管理保洁保安服务水平、居民社区参与热情、业委会基金使用权情况以及居委会工作认可度6个变量。在垃圾分类知识掌握方式方面，分析了宣传广告、垃圾分类宣讲会、居民告知书和知识手册、垃圾分类承诺书以及当面指导5个变量。在外部约束层面，分析了社区各类主体（包括社区志愿者、居委会工作人员、保洁员或物业人员、业委会人员、环保组织人员）对居民的宣传或劝导、垃圾分类承诺书和垃圾分类光荣榜多个变量。另外还存在道德规范（包括分类意识和后代教育）和外部影响（包括从众心理、朋友影响、绿色账户、宣传效果）等各类变量。

2.分析结果

根据回归结果，在个人层面，政治面貌对垃圾分类成效具有正向显著的影响，系数为0.285，且在5%的水平上显著。这说明相较于非共产党员，身为共产党员的受访者的垃圾分类效果更好；在社区治理层面，参与热情对垃圾分类成效具有正向显著的影响，系数为0.198，且在10%的水平上显著。这说明社区居民参与社区事务的热情越高，社区垃圾分类的效果越好。因此，为有效推进垃圾分类工作，要不断调动社区居民参与社区事务的热情，鼓励他们积极参与各项社区事务。

在垃圾分类掌握方式方面，垃圾分类承诺书对垃圾分类成效有着正向显著的影响，系数为 0.249，且在 5%的水平上显著。这说明签约社区居民垃圾分类承诺书能推进垃圾分类。这在一定程度上体现了垃圾分类承诺书的约束作用，签约了社区居民垃圾分类承诺书的居民因为有了社区给的外部约束，因而他们更愿意践行垃圾分类。因此，为有效推进垃圾分类工作，与社区居民签约垃圾分类承诺书是一个明智的选择。

在外部约束方面，社区志愿者对垃圾分类成效具有正向显著的影响，系数为 0.225，且在 5%的水平上显著。这说明社区志愿者对居民垃圾分类的行为影响重大。志愿者的作用越大，居民垃圾分类的效果更好。因此，为有效推进垃圾分类工作，必须要有效发挥社区志愿者的重要作用。

（二）基于居委会工作人员的问卷调查结果分析

1.分析方法解析

在个人层面，分析了受访者的工作时长、社区工作身份、工作占比、环境意识四个变量与小区垃圾分类成效的关系。在小区层面，分析了小区的邻里关系、志愿者与党员的先锋模范作用、公共设施及环境条件、居民参与热情、业主/居民的决策自主性、居委会工作认可度、小区规模及垃圾分类推进时长与小区垃圾分类成效的关系。在垃圾分类知识的掌握方式对垃圾分类的成效的影响方面，分析了社区的垃圾分类宣讲、送上家门的垃圾分类居民告知书和知识手册、社区志愿者/工作人员的当面指导与小区垃圾分类成效的关系。而在社区采取的外部约束层面，分析了社区各类主体的监督或劝导、社区居民垃圾分类承诺书和社区居民垃圾分类光荣榜与小区垃圾分类成效的关系。另外还存在道德规范和外部影响。

为了降低遗漏变量导致的估计偏误，本研究进一步控制了受访者的背景信息，包括受访者的性别、年龄、教育程度、政治面貌。

2.分析结果

根据回归结果，在个人层面，环境意识对垃圾分类成效具有正向显著的影响，系数为 0.169，且在 5%的水平上显著。这说明受访者的环境意识越好，社区的垃圾分类

效果越好。因此，为有效推进垃圾分类工作，有必要增强居委会干部的环境保护意识，加强相关教育工作。工作占比对垃圾分类成效具有正向显著的影响，系数为 0.182，且在 1%的水平上显著。这说明推进垃圾分类占受访居委会工作的比重越高，社区垃圾分类的效果越好。因此，为有效推进垃圾分类工作，要适当增加居委会干部在垃圾分类上的工作时间。

在社区层面，邻里关系对垃圾分类成效具有正向显著的影响，系数为 0.196，且在 5%的水平上显著。这说明社区的邻里关系越好，社区垃圾分类的效果越好。因此，为有效推进垃圾分类工作，要加强社区的邻里关系建设，营造和谐的邻里关系。志愿者/党员先锋模范作用对垃圾分类成效具有正向显著的影响，系数为 0.190，且在 10%的水平上显著。这说明社区志愿者与党员的先锋模范作用做得越好，社区垃圾分类的效果越好。因此，为有效推进垃圾分类工作，要有效发挥社区志愿者与党员的先锋榜样作用。居民参与热情对垃圾分类成效具有正向显著的影响，系数为 0.189，且在 10%的水平上显著。这说明社区居民参与社区事务的热情越高，社区垃圾分类的效果越好。因此，为有效推进垃圾分类工作，要不断调动社区居民参与社区事务的热情，鼓励他们积极参与各项社区事务。另外，推进时长对垃圾分类成效具有正向显著的影响，系数为 0.177，且在 1%的水平上显著。这说明居委会下属小区中最早正式启动垃圾分类小区的推进时长越长，社区垃圾分类的效果越好。此外，令人惊讶的是，问卷分析结果表明，小区规模对垃圾分类成效具有正向显著的影响，系数为 0.101，且在 1%的水平上显著。这说明居委会下属小区的总体规模越大，社区垃圾分类的效果越好。

为深入探索其中的缘由，分析中加入了垃圾分类知识的掌握方式、社区采取的外部约束行动、道德规范以及他人影响对垃圾分类的成效的影响这些方面后，原先的不管是在个人层面，还是在社区层面的对垃圾分类成效的影响都不再强烈显著，只有在社区层面的参与热情对垃圾分类成效具有正向的影响，系数为 0.218，且在 1%的水平上显著。这支持前面的结论，说明社区居民参与社区事务的热情对社区垃圾分类的效果有正向积极影响。因此，提升居民参与各项社区事务的热情，不仅是社区建设的手段和目标，也是推进垃圾分类的有效路径。另外，在社区采取的外部约束行动层面对垃圾分类成效有更积极的推进效果，其中社区居民垃圾分类承诺书和社区居民垃圾分类光荣榜的表现尤为突出。签约社区居民垃圾分类承诺书的居民对垃圾分类成效有正向影响，系数为 0.208，且在 1%的水平上显著。这说明签约社区居民垃圾分类承诺书能推进垃圾分类。这在一定程度上体现了垃圾分类承诺书的约束作用，签约了社区居民垃圾分类承诺书的居民因为有了社区给的外部约束，因而他们更愿意践行垃圾分类。由此可见，要想使垃圾分类效果更明显，与社区居民签约垃圾分类承诺书是一个明智的选择。而社区居民垃圾分类光荣榜却对垃圾分类成效有负向影响，系数为−0.191，且在 1%的水平上显著。这说明社区居民垃圾分类光荣榜并没有对社区居民起到促进作用，有社区居民垃圾分类光荣榜，垃圾分类效果反而变差了。可以得出这样的结论，要想推进垃圾分类，社区居民垃圾分类光荣榜可能并不适合。

3.法制强制时代的问卷调查分析

因 2019 年 7 月 1 日社区生活垃圾分类进入强制时代，为此，本课题在 2019 年 7 月底又进行了针对居委会工作人员的问卷调查，主要分析了法制强制时代以来，社区各治理主体的工作投入与垃圾分类成效之间的关系。具体分析情况如下：在个人层面，分析受访者的社区工作身份与垃圾分类成效的关系；在小区层面，主要分析了下属小区个数、垃圾分类推进时长、小区总体规模 3 个变量与垃圾分类成效之间的关系；在治理主体方面，分析了居委会、业委会、物业以及第三方组织的推进力度与垃圾分类成效的关系。

根据回归结果发现，治理主体的工作变化对垃圾分类成效有关，主要表现在第三方组织对垃圾分类成效具有正向显著的影响，系数为 0.259，且在 10%的水平上显著。这说明第三方组织的工作投入越多，社区的垃圾分类效果越好。因此，为有效推进垃圾分类工作，有必要加大第三方组织的工作投入。

六、总结与归纳：促进社区建设与垃圾分类协同互动的社区工作建议

本研究从解析社会建设的概念、目标入手，以促进居民垃圾分类为目的，从空间范畴、管理主体、考核目标、问题和条件等方面从理论上介绍了社区建设与促进居民生活垃圾分类的必要性、可能性和可行性。继而从实证的角度，分别对居民和居委会工作人员进行了 3 次问卷调查，以大量数据证明了推进居民区垃圾分类同时可促进社区建设的事实，同时也从居民个体、社区性质与社区治理状况和特点等方面，分析得

出了促进居民垃圾分类参与的具体因素。以下首先是对上述研究过程的简要总结，然后，结合爱芬环保提供的 30 个典型社区的工作经验，提出一些促进社区建设与垃圾分类协同互动的社区工作建议。

（一）推进居民生活垃圾分类可有效地促进社区建设

社区建设的核心价值是通过促进居民参与、居民自治、邻里和谐、社区认同与社区归属感，进而促进居民的共建共治共享。促进居民参与生活垃圾分类的具体场域就在居民区，尽管与社区建设有一定的差异，但同时也是社区建设的一部分，从治理主体、治理目标和具体事务上都与社区建设有着多重套叠或包容涵盖的关系，也因此势必相互影响，也可共同发展。静安区四个街道的实证表明，推进生活垃圾分类的确促进了社区建设。具体来看，不仅明显提升了社区环卫设施和公共卫生水平，而且从提升社区参与、改善邻里关系和促进社区认同等各个方面都有明显改善，居民垃圾分类环境意识和环境行为也表现出了越来越高的水平，社区治理体系也在向多元共治发展，社区规约制度建设与社区治理总体能力也有了不同程度的提高。总之，实证表明，推进居民生活垃圾分类不仅有利于我国总体的生态环境，有利于提升民众的生态福祉，也可以借此在有限的居住围墙空间内创造更为优越的环境生态和社区生活。

但实证也同时表明，推进居民垃圾分类会不同程度地增加因此引发的社区矛盾，如何有效规避社区矛盾的产生和扩大是各治理主体需要警惕的一大方面。

（二）社区善治有效地促进了居民参与垃圾分类

法制强推垃圾分类之前，来自静安区的四个街道分别向居民和居委会工作人员发放的两份问卷调查的回归分析结果表明：个体差异对居民参与垃圾分类因素并不多，而社区治理水平和治理方法更多地成为影响居民参与垃圾分类的重要因素。具体而言，个体层面，除了政治面貌是否为党员、是否为社区志愿者、环境意识高低成为影响居民参与垃圾分类的重要因素外，其余与个体有关的性别、年龄、学历、经济收入等因素都与垃圾分类参与水平高低无关；社区治理层面，有居民参与热情度、居民是否签署了垃圾分类承诺书、居委会工作人员推进垃圾分类的工作占比、社区邻里关系、小区志愿者水平、小区正式启动垃圾分类的推进时长都成为影响居民参与垃圾分类的重要因素。可见提升社区参与、改善邻里关系、提高社区认同、创建优良的志愿者队伍、社区工作者加大对推进垃圾分类的努力程度都是促进社区居民参与垃圾分类的重要途径。同时，回归分析结果还表明：社区居民垃圾分类光荣榜对垃圾分类成效有着负向影响，有居民垃圾分类光荣榜的社区垃圾分类效果反而较差，具体的原因仍然有待进一步研究，但可以说明，社区工作者必须注重工作方法的使用。

2019 年 7 月 1 日法制强推垃圾分类以来，问卷调查回归分析的结果发现：社区治理与社区建设的大部分变量与垃圾分类成效没有关联显著性，只有在治理主体的变化方面，即第三方组织的参与对垃圾分类成效具有较显著的正向影响。这可能是 2019 年 7 月份所有社区都在用足全力推进垃圾分类的原因。因此，其他因素与垃圾分类成效关系都不够显著，是否引入第三方组织以及第三方组织的工作强度成为影响垃圾分类成效的重要变量。这说明，在法制强推时代，执法未必是最好的办法，引入专业社会组织可能是更为理想的途径。

（三）促进社区建设与垃圾分类协同互动持续发展的几点建议

依靠社区治理促进垃圾分类显然是可行与较为理想的路径，如何将社区建设与垃圾分类协同起来共同发展和进步，需要在治理主体意识态度、治理组织结构优化、工作方法提升等方面进行全方位的加强。以下，笔者结合爱芬环保提供的 30 个典型社区的工作经验简要提出几点社区工作建议。

1.加强党建引领，注重志愿者队伍建设

居民区党组织是社区治理的领导核心。实践证明，党建引领是上海市大多数社区善治的重要保障，渗透在社区建设的方方面面，也同样是促进居民参与垃圾分类的最广泛的发动机。居委会书记是社区党组织的关键人物和重要的代表，是促进社区党建和实践党建引领的枢纽。然而，过去多年中，笔者在调研中发现普遍存在居委会书记并不重视促进社区生活垃圾分类的情况，甚至经常听到“只有居委会书记重视的事情才有办法”的话语表达。究其原因，是那些居委会书记们对推进垃圾分类与促进社区建设的相关关系认识存在疑虑。当然，随着垃圾分类法制强推，促进垃圾分类成为 2019 年居委会最重要的社区事务之一。静安区 4 个街道的实证数据很明显地体现了这一点，同时也有力地说明了社区建设与促进垃圾分类完全可以共赢。因此，提升居委会书记的认识，是实现社区建设与促进居民垃圾分类协同互动的首要基础与持续保障。

同时，来自爱芬社区的实践证明，社区志愿者行动能力是社区建设与社区促进垃圾分类的重要变量。党建引领下的社区党员通常是最早践行垃圾分类的行动者和承诺者，也是社区垃圾分类的号召者和志愿者。可见，加强社区党建，并不断发展和扩大社区志愿者队伍，对志愿者们进行有效的培育和激励，是促进社区建设与持续推动居民垃圾分类的重要保障。

2.优化多元治理主体结构，促进协同互动

长期以来，居委会是社区治理的绝对主体。近年来，随着各区对居民区业委会成立和运行的大力推进，业委会已成为社区治理的主体之一，尤其是在对业主权益的保障方面，发挥了不可替代的重要作用。但作为三驾马车之一的物业企业，在社区治理中的作用则参差不齐。自 2014 年《上海市促进生活垃圾分类减量办法》颁布以来，物业企业作为居民区生活垃圾投放管理责任人，越来越主动地参与到了社区生活垃圾的治理活动之中。《上海市生活垃圾管理条例》再次对物业的投放责任人职责进行了明确要求，进一步为实现社区治理“三驾马车”的并驾齐驱起到了重要的推进作用。事实证明，自推进垃圾分类以来，物业企业越来越多地参与到社区治理事务中来，个别小区的物业甚至成为推进社区垃圾分类的首要主体。在大多数由居委会主导推进垃圾分类的小区，物业也能实现更及时的配合并参与共治。当然，从长期来看，常态下的物业企业如何真正接手社区管理责任人职责，居委会与业委会又如何分工协作，仍然是需要继续观察和研究的课题。

值得一提的是，不少社区自试点生活垃圾分类以来，还自发成立了社区自组织。甚至成立了内生的专业环保组织，为进一步优化社区治理结构提供了组织基础。

3.抓住全民关注契机，促进居民参与

垃圾分类不仅是全体居民的责任和义务，也是促进居民参与的有效抓手。自 2011 年上海市推进生活垃圾分类试点以来，不少社区积极发动居民区党员、志愿者与楼组长参与垃圾分类宣传，越来越多的学校组织中小学生入户进行宣传。调查显示，不少成年人参与垃圾分类是为了给孩子树立一个良好的榜样。尤其是自习近平总书记提出垃圾分类是一种新时尚以来，都市白领年轻人甚至不少影视明星也积极参与到垃圾分类的宣传和活动中来。2019 年 7 月 1 日进入法制强推时代以来，全上海市对垃圾分类

更是掀起了全城热议的高潮。垃圾分类意识与行动迅速渗透到了各个群体、各类居民，居民对社区公共事务表现出了前所未有的关心和参与。借助垃圾分类成为扩大社区参与的良机，来自静安区的调研也有效地证明了这一点，社区参与和居民对社区公共事务的关心有了显著改善，而这些又正是促进居民参与和垃圾分类的重要动力。

4.“三社联动”，提升协同能力

社区、社会组织和社会工作“三社联动”是促进社区善治的有效途径。“三社联动”，也是将生活垃圾分类与社区建设协同互动的有效路径。自上海市推进生活垃圾分类试点以来，专业社会组织作为促进垃圾分类的有效推手，越来越多地被基层政府重视和引入。如上海爱芬环保组织近年来在全市各区服务的社区多达 300 多个，专业的环保社会工作服务方法不仅显著地提升了社区居民参与垃圾初次分类的水平，更重要的是，将垃圾分类的宣传和推进与社区环卫设施优化、社区公共空间改造、社区活动设计、社区宣传和社区参与提升等有效地结合起来，同时特别注重社区本体能力的提升而不是代理操办，体现了社区社会工作的专业性和有效性。

5.社区营造，优化协同方式

社区参与、邻里关系、社区认同感与归属感不仅是提升垃圾分类水平的重要保障，更是社区善治的价值目标，但社区参与、邻里关系、社区认同感与归属感的推进需要居民意见表达平台、居民行动参与平台、居民利益保障平台，社区营造的核心思想是注重更广大的居民的意见表达和行动参与，是提升社区自治与居民参与热情、改善邻里关系、促进社区认同感与归属感的有效途径。同时，还要注重社区工作方法的具体使用，尊重居民、以人为本、因地制宜，不断探索社区建设与垃圾分类协同互动的工作方法。(华东理工大学社会与公共管理学院副教授石超艺)

3.爱芬模式：

四大元素构建可持续的垃圾分类模式

2010 年的世博会，台北馆的垃圾分类实践让前来参观的人们反问一个问题：台北能实现垃圾分类，我们的城市什么时候也能做到呢？

在这之后，在社区层面的垃圾分类推进工作陆续在一些试点小区如火如荼地开展了起来。不同的小区，采取的垃圾分类的管理办法并不一样：有些以行政命令的方式将任务“布置”给了居委会，以旋风一般的运动方式在小区居民中进行推广；有些通过补贴的方式请保洁员将湿垃圾分了出来；也有通过持续的宣传教育，让越来越多的居民参与垃圾分类。

这些不同的方式，看上去都在一定期限内在一个特定的区域内实现了垃圾分类，但到底哪种方式算作“成功”呢？

“每个人的判断标准是不同的。有人认为居民参与率高就是成功，但是参与率怎么评估？有人认为分出的湿垃圾多就是成功，但是这些湿垃圾到底是由谁分出来了呢？”在爱芬看来，居民自主分出来的湿垃圾数量以及一个社区居民自主参与分类的比例的多少，才是有意义的一项衡量指标。

在上海，生活垃圾分为四大类——湿垃圾、干垃圾、可回收物和有害垃圾。其中湿垃圾占日常生活垃圾的 62%。因此，生活垃圾减量很大一部分来自湿垃圾的分类。

爱芬的看法与复旦大学环境科学与工程系教授玛丽•哈德 (Marie Harder)的研究结果不谋而合。哈德近几年一直潜心研究上海的湿（厨余）垃圾分类项目，“真正的成功是，如果人们开展了一些活动，你看到他们从家中带出湿（厨余）垃圾，并且把它们丢进湿（厨余）垃圾桶，而不是普通的垃圾桶。如果这个行为能持续 6 个月，那就是成功。因为 6 个月人们会养成一个习惯，这个习惯不会轻易被改变”。

根据哈德团队调查的爱芬所工作过的 40 个小区样本的研究结果，这些小区能够分出湿（厨余）垃圾的比率达到 70%以上。在爱芬撤出一年之后，这个比例依然能维持在 45%以上。

自2011年起，爱芬开始关注城市垃圾问题，把视线定位在“在社区推动分类减量，助推城市垃圾问题的解决”的思路上，在社区实践垃圾分类减量工作。

10年来在300多个社区的实地历练，爱芬对社区有了较深的了解，逐步掌握了在社区开展工作的方法、技术，并且摸索出一套在社区推广垃圾分类的工作模式。在这套模式中，包含了4个重要的元素：推动个体参与、可持续的管理机制、技术诀窍和社区自治。

一、 推动个体参与

为什么爱芬如此看重居民自主分类？这和垃圾分类背后所包含的真正价值息息相关。垃圾分类所带来的经济价值，只有在循环产业体系建立之后才能得到体现，所以，很多时候垃圾分类所消耗的成本要高于它在当时的经济环境下所创造的价值，简而言之，就是不具备经济性。这也解释了仅仅从市场的角度来推动垃圾分类，其实是动力不足的。那么，垃圾分类所带来的垃圾减量到底有什么用？人类的生存状态，除了用经济衡量之外，环境与社会因素也是两个不可忽视的因素。

垃圾分类最重要的价值恰恰体现在这两个方面。从环境的角度出发，如果垃圾不减量，那对于寸土寸金的城市而言，最终的选择就是树立起一个又一个焚烧炉。这样的处理方式可能会排放危害人类健康的物质，招致民众的反对，而没有分类的垃圾导致燃烧热值降低，并且很难控制有毒物质的排放量。从社会角度来说，当个人能够主动承担起自己作为一名公民的责任——“管理好我自己产生的垃圾”，分类到位，那么这就是一个社会的素质与文明的提升。这是一个教育与训练的过程，并且也是建立社区自治能力的过程。这个过程对于当下的中国尤为可贵，因为在这个过程中，个人通过垃圾分类这样一件联结个体行为和社区行为的公共管理事务，提升了居民的社会责任感和公共精神。

“社会价值包括公民价值和社区价值，所以，我们会非常看重是由居民自己去分类垃圾，而不是让别人代劳，否则就失去了这部分的价值。”爱芬认为，正是这样的衡量标准让爱芬在推动小区垃圾分类工作的时候，将着眼点放在了“推动个体参与”上面。事实上，垃圾分类管理作为一个典型的公共事务治理议题，它的实质问题在于“社会参与”。如果没法唤起多数人的自愿参与，并且形成长期的习惯，从而内化为个人的文明素质，那么垃圾分类就没有在小区层面真正实现。

在这一点上，一直与爱芬合作的上海市静安区绿化和市容管理局工作人员很认同爱芬的做法。“跟其他区的第三方比起来，爱芬有一个本质的区别，它不仅仅是为了完成区里下达的指标和考核要求来推进这个事情的，他们是真正在推动垃圾分类这个工作，改变居民的投放行为，是从这个根本点来出发的。”

当“推动个体参与”成为垃圾分类管理工作的主要切入点的时候，可以试问一下，作为一名小区的普通居民，到底是什么可能成为让他(她)自愿对垃圾进行分类的动机呢？可能的动机来自这些方面：有一部分人本身有一定的觉悟，并且也愿意化作行动力，当发现小区垃圾分类的硬件得当、了解了小区关于垃圾分类的宣传推广的时候，就主动进行了分类；有一部分人通过参与各种类型的教育培训活动，提升了环境意识和公民意识，并且被辛勤工作的志愿者们触动，逐渐成为自愿分类的一分子；有一部分人被“绿色账户”提供的“积分换礼品”吸引；有一部分人会担心当有一天“如果垃圾不分类就要被处罚”而进行分类。

为促使居民进行自愿垃圾分类的动机，爱芬的工作方式是为小区建立起针对居民的持续教育项目，聆听个人的反馈并进行持续改善，最终形成一套开放的促进社区自治的系统。

二、可持续的管理机制

垃圾分类管理最艰难的一步在社区层面，这个介于家庭与城市之间的社会基础区域，成为垃圾分类真正实现的场所。这样的场所成为权利与责任界定并不清晰的空间，同时包含了私人和公共的因素，尤其是中国正处于城市化的阶段，社区人口具有一定的流动性，不同的社区人口构成、环境差异很大。与此同时，曾经担负着上海市的社区基层管理工作的社区居委会，它承担的工作范围和内容，以及它所聘用的工作人员也发生变化，新的责任相关方也开始进入社区的管理工作。

“进入社区是不容易的。国内很多做环境工作的社会组织，都在做面上的宣传和社区活动，真正触及社区肌理、从深层次带来社区改变的并不多。”爱芬团队在一次次跑遍合作的小区之后，对这片进行深入工作的实操地，有了更切实的认识。

无论是遇上怎样不同的“社区面孔”，对于爱芬开展推动垃圾分类的工作来说，需要在地建立起一套以促进个体参与垃圾分类为目的的管理机制来。这套管理机制，和企业的管理机制不一样，因为参与的人并不是自己去挑选聘用的，也没有明确的责权指定；和项目管理机制也不一样，因为这是一套长期运行的机制，并不会因为某一个项目的结束而停止运行。这套历经 9 年多、在众多小区的垃圾分类管理实际工作中总结出来的管理机制有着三个重要的方面。

（一）联合核心利益相关方形成领导力

爱芬每进入一个小区，首先要做的工作就是识别出核心利益相关方。在社区里，垃圾分类的核心利益相关方包括以下方面。

社区管理者——“三驾马车”，包括居委会、业委会和物业。这三者在爱芬开展工作之前，往往是各做各的事情。作为第三方，爱芬通过持续的沟通，将三者联结起来，达成共识，让这“三驾马车”各司其职，充分互动，形成合力。

社区志愿者——来自居民中的党员或积极分子，通过各种宣传、教育与培训，让这些积极分子承担起社区的宣传和监督工作。

居民——垃圾分类的执行主体。

通过识别出这些核心利益相关方，爱芬扮演着咨询者、陪伴者和带领者的角色，根据社区的实际情况，因地制宜，帮助社区将曾经断裂的各个利益相关方连接在一起，形成自治的领导力。

作为咨询者，爱芬为社区提供专业的咨询服务，设立目标，促成共识，同时提升社区管理者的能力，为他们提供集中和专门的培训，让其学会使用这些专业的工作方法，推动本小区的垃圾分类工作，并在服务期间，帮助其解决工作中的困难，在关键节点上提供支持。作为陪伴者和带领者，爱芬实地去协助社区开展工作，帮助解决问题，反馈情况。

（二）创造便利可行的硬件环境

对于很多居民来说，促成垃圾分类的一个重要前提条件就是——是否便利。这就关系到在社区内的垃圾分类基础设施是否满足了这样一个需求。针对各个小区现有的硬件评估和改造，爱芬提出专业的咨询建议，包括垃圾厢房改造、高楼撤桶、多层楼并点、新投放点的选点等。

（三）教育与宣传

垃圾分类也不是一个强迫性的行为，教育与宣传的重要性不言而喻。爱芬为小区建立起一套教育的机制，针对不同的层面，从街道到小区志愿者、物业、保洁员，进行不同形式的培训。

其中，爱芬的“志愿者课程”是针对垃圾分类工作中最重要的力量——志愿者。志愿者是直接连接小区居民的现场人员，许多居民都不约而同地提道：“看到这些志愿者的辛苦付出，我们被感动了，觉得应该尽一份自己的责任。”因此，爱芬通过这样的课程，帮助社区管理者在志愿者招募、管理、培训、使用过程中更加规范和专业。

除了教育之外，爱芬为社区提供系统而专业的宣传品，为社区管理者提供宣传工具，从而影响到更多的居民。

通过这三方面的推动，爱芬这样一个专业的第三方社会机构，与合作的小区共同建立起一套针对垃圾分类的管理机制。这是一套有机而可持续的管理机制，即使在爱芬撤走以后，依旧能正常运行。

三、技术诀窍

对于垃圾分类，无论是居民本身，还是社区管理者或城市管理者，都曾经将信将疑。其背后有不同的原因，其中一个原因是在社区层面的垃圾分类管理的技术工具缺失，没有一个现成的可以遵循的方法来指导这样的工作。

爱芬在多年的社区工作中摸索出了一套“技术诀窍”（know-how），也就是爱芬持续在推广的“三期十步法”。这是来源于爱芬的现场工作发现——每进入一个小区推广垃圾分类，大概需要半年的时间，这包括了前期的导入期和具体的执行期。半年之后，居民基本已经养成了分类的习惯，而后期的维持则是一个长期的过程。在这三个期间，爱芬将推进工作细化成十个步骤。

虽然“三期十步法”也会面临因地制宜以及不断升级的调整，但是这样一个流程的描述和总结，对社区垃圾管理工作起到了相当于“实现路径”的指导作用。同时，也让不同的利益相关方有了共同的工作流程，让相互合作成为可能的现实。从这个角度来说，这个“技术诀窍”对推动社区垃圾分类有着非常重要的作用。

除了贯穿社区垃圾分类推进工作的“三期十步法”的技术指导，爱芬也为社区提供专业的垃圾分类工作工具包，包含各种培训教材、教案、视频、游戏、海报等，供社区根据需要选用。

四、社区自治

当爱芬的工作目标设定为“推动个体参与”的时候，事实上，另外一项具有重要意义的工作也自然而然地推进，那就是社区自治或社区营造。在大部分的居民小区中，从前存在的“邻里之情”已经越来越淡漠，很难形成共识共同推动社区的建设。

凭借垃圾治理这样一个公共议题，爱芬通过建立一套管理机制和新颖的培训交流方式，聚集起之前相互不熟识的居民，共同商议小区的垃圾分类对策。在这个过程中，人们通过相互协作，建立起情感的连接和信任。很多小区的居民正是通过垃圾分类这件事情培养起了社区自治能力，他们将这种能力扩展到了其他领域。比如，创建小区友爱互助的“邻里节”，组建小区的舞蹈队。

通过社区自治来提升小区居民的社会参与以及自治能力，是未来中国社会的发展方向，只有建立起这种能力，中国社会才有可能真正拥有针对公共议题的社会参与治理能力。

爱芬通过多年的实地摸索，逐步建立起了这套包括“推动个体参与、可持续的管理机制、技术诀窍、社区自治”四大元素的社区推广垃圾分类的方法和模式。

这四大元素之间存在着既相互独立又相互作用的关系。在“推动个体参与”的同时，让“社区自治”成为可能；“可持续的管理机制”中所包含的“联合核心利益相关方形成领导力、创造便利可行的硬件环境、教育与宣传”，能够发挥真正的作用，是基于“个体参与”的前提，同时也帮助推动更多个体的参与；技术诀窍成为各个利益相关方达成共识的“目标实现路径和方法”，成为教育与宣传的重要内容。

在“爱芬模式”中，这四大因素各自起着关键的作用，相辅相成，当它们形成合力时，将会让垃圾分类这项看起来并不容易实现的公共治理事务在社区更持续地“落地生根”。与此同时，外部法律的制定与监管、社会的精神文明倡导、循环产业的发展等因素，也会进一步促进社区垃圾分类更长久、更大范围的实现。

“爱芬模式”在9年多的实践中逐步完善。那么，这样的模式适用于所有的小区吗？它具有可复制性吗？

“爱芬模式”能否适用与小区的“先天因素”息息相关。爱芬进入社区遇到的最大阻力之一是来自小区管理者的不重视。如果小区的“三驾马车”在沟通之后愿意加入进来，形成社区管理的强大领导力，那么垃圾分类的推进工作就要顺利很多(见图1–17)。

联合核心利益相关方形成领导力
创造便利可行的硬件环境
教育与宣传
可持续的管理机制
推动个体参与
技术诀窍
社区自治

图 1–17　爱芬模式

在“推动个体参与”的过程中，如果这个小区的居民自身的文明素养需要提升，或是遇到一批过于看重个人利益的居民，那么就有可能需要花更多的前期培育时间来帮助居民改变观念、达成共识。

在后期的维持阶段，当爱芬撤出之后，如果小区并没有形成制度或“公约”，外部的大环境并没有改善——也就是说，外部的大环境中，其他小区居民并没有做垃圾分类这件事情，那么就会有一部分摇摆的居民逐渐又回到从前的状态。所以，如果没有法制跟进的话，前期所取得的成就也会渐渐减弱。

因此，一个比较合适的方式就是，通过前期调查来评估是否适用“爱芬模式”，从而制定针对不同小区分阶段的垃圾分类推进工作。这就意味着，一部分小区是可以直接适用“爱芬模式”的，一部分小区需要首先进行一轮教育宣导，然后再推进“爱芬模式”。

目前，“爱芬模式”已经从小区层面上升到街道层面，通过与街道的合作，将这种工作方式同时推广到更多的小区。如何在一个街道50个到100个小区规模的层面上，更快地推动垃圾分类工作，爱芬也在摸索和学习的过程中。

4.社区垃圾分类的成功秘籍：三期十步法

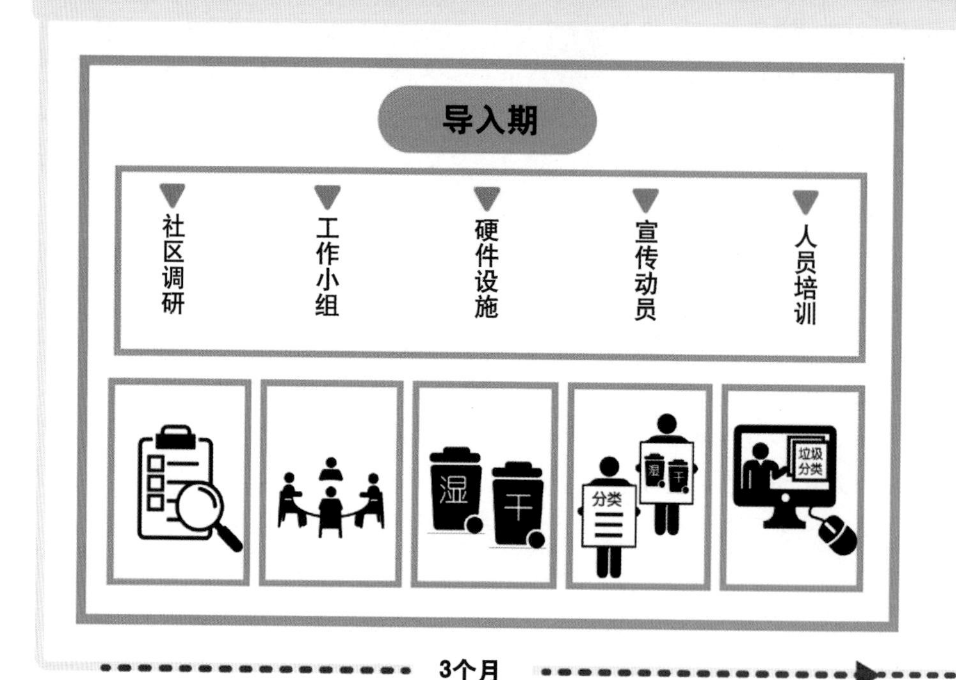

图1–18　三期十步法

爱芬关于社区垃圾分类的技术诀窍“三期十步法”并不是一个凭空而来的概念，而是在多年的实践中从寻常工作中总结出来的一套体系。而成功的关键则在于，他们能够将每一个细节都很认真地执行到位。

“中国人是做不好垃圾分类的，因为居民素质太差，他们能把垃圾扔到垃圾桶里已经很不错了，还做什么分类！很多人都是这样想的，甚至居民自己也是这样认为的。但是我们实践下来发现，中国人是可以做好垃圾分类的，他们可能缺乏的只是一个桥梁而已。”爱芬的工作人员如是说。

上海市统计局在 2013 年做过的一个调查显示，上海市民垃圾分类意愿较强，98.9% 的市民表示愿意进行垃圾分类。那为什么实际效果差很多？可能有诸多原因，比如，居民对于垃圾分类的知识并不是很清楚，对于垃圾的后端处理没信心，等等。而爱芬多年以来一直在做的一件事情，就是填补这中间的缺口。“三期十步法”则是爱芬在社区工作中总结出来的一套行之有效的方法。

爱芬的工作人员发现，每进入一个小区推广垃圾分类，大概需要半年的时间，这包括了前期的导入期和具体的执行期。半年之后，居民基本已经养成了分类的习惯，而后期的维持则是一个长期的过程。

这套方法看上去简单易行，但是执行起来则有着许多的学问，所谓魔鬼存在于细节之中，某个环节做得不充分，都会导致最终效果不佳。

比如说，在导入期里“宣传动员”这个环节，爱芬的项目人员认为这非常重要。他们发现，居民调查表是很好的一个工具，因为这是一对一的沟通。居民第一次知道有垃圾分类这件事情，就是通过这张调查表，可能贴再多的海报他们也不会注意到。另外，调查表最后会有一道题目，询问是否愿意当小区垃圾分类的志愿者。通过这种方式，则挖掘出了很多居委会都不知道的热心志愿者。

在“正式启动”里有一个给居民发放垃圾桶的环节，这是唯一一次让每家每户主动走到工作人员面前的机会。其实很多居民并不知道所谓的分类垃圾桶是做什么用的，一定要当面给他们示范，这是第二次重要的宣传机会。除此之外，志愿者的培训也非常重要。而爱芬的工作甚至已经细化到要教志愿者怎样跟居民互动，如果居民不愿意分类，志愿者该如何处理等。此外，反馈是一定要做到位的，要善于用各种形式的反馈，让居民看到自己的付出是有结果的。有做得好的小区，甚至会挨家挨户地发感谢信。

爱芬每深入到一个小区，大概会有半年左右的时间，之后垃圾分类的效果如何，其实很大程度上要看后期制度建设的结果，这是至关重要的一环。举例来说，广盛小区从 2012 年开始垃圾分类，到今天业委会还在安排志愿者每天的排班巡逻。爱芬撤出之后，业委会接过了任务，把垃圾分类的要求写进了物业的要求，而且当有新住户搬进来时，小区的业委会、物业或者志愿者就会上门去发宣传单，给他们讲小区分类的现实情况和要求，所以广盛公寓的垃圾分类参与率依然保持在一个很高的水准。

爱芬目前还在讨论“三期十步法”的升级。因为在不断的实践过程中，发现这个流程还有一些需要改进的地方，比如，如何去收集和整理数据，将不同的小区分类，讨论出一整套的应对方法；制度建设这一块，如何能够更加完善；等等。当做好“三期十步法”每一个细节之后，让居民能够自主地进行垃圾分类就不是一件无法企及的事情了。

5.专家评析：

利益相关方的合力

垃圾分类涉及众多的利益相关方，他们有着各自的需求。爱芬作为第三方组织，有效地将各方的需求整合在了一起。

垃圾分类既然具备了环境、经济和社会的三重价值，那么推进垃圾分类不只是国家的一个政策而已，对于政府部门、企业、社会组织、基层社区管理者以及公民个体来说，都有着极其重要的意义，也是他们的实际需求。而爱芬在整个系统里面，扮演的则是一个社区垃圾分类解决方案提供者的角色。

具体到小区层面来看，基层管理者居委会、业委会和物业通常被称为是推动社区垃圾分类的三驾马车，他们有着一些相似的需求，比如改善小区环境、提升居民认可等。垃圾自主分类的主体 —— 小区居民，其参与的热情通常都很高，自己小区的环境干净整洁、邻里关系和睦是他们的普遍愿望。而在已经做过垃圾分类试点的小区里，我们常常可以发现，垃圾分类过后，不仅小区的环境整洁了，整个社区也焕发出了新的活力，邻里之间的关系也有了很大的改善。另外，志愿者在小区垃圾分类过程中起到了不可或缺的作用，在改变社区环境的同时，他们自己也实现了个人价值。

再将目光移出小区，我们可以看到在这个链条上有各方的参与者。自 20 世纪 90 年代起，垃圾分类的理念进入中国，一些城市开始重视和尝试垃圾分类的实践。2000 年，上海市被列入住建部 8 个生活垃圾分类试点城市。2010 年，上海市政府明确提出强化生活垃圾分类大分流、小分类的工作，开始全力推进垃圾分类工作。可见，在中国，垃圾分类首先是一个自上而下推动的重点工作。目前在上海市主要是绿化和市容管理局在牵头推进这件事，但是我们其实可以看到，垃圾分类主观上促进了居民文明程度的提高，这些也正是像市文明办、妇联、共青团这样的单位希望达成的目标。

此外，因为垃圾分类具备一定的经济价值，有很多企业也希望加入循环经济这个链条中来，在其中寻找商机，前端分类好的垃圾可以为他们节省不少的分拣成本，比如，有些资源像废旧玻璃的回收，就可以产生价值流，这样整个经济链条才能打通。而社会上也还有除爱芬以外的其他环境和教育类的社会组织，希望能够找寻到社区垃圾分类的成功经验，以更好地推进所做的工作。

那么在众多利益相关方中，爱芬扮演什么样的角色？首先，爱芬也是链条上的一环。除此之外，更重要的是，爱芬能够将利益相关方联合在一起，共同推进垃圾分类的工作。爱芬可以为社区基层的领导者比如居委会和业委会提供一整套的流程和方法，为市容绿化局做咨询与具体工作的执行。对于小区居民来说，爱芬更多起到的是启蒙和教育的作用。它既是社区内部系统的设计者，又是整个链条的推动者。

垃圾的去处

居民的家

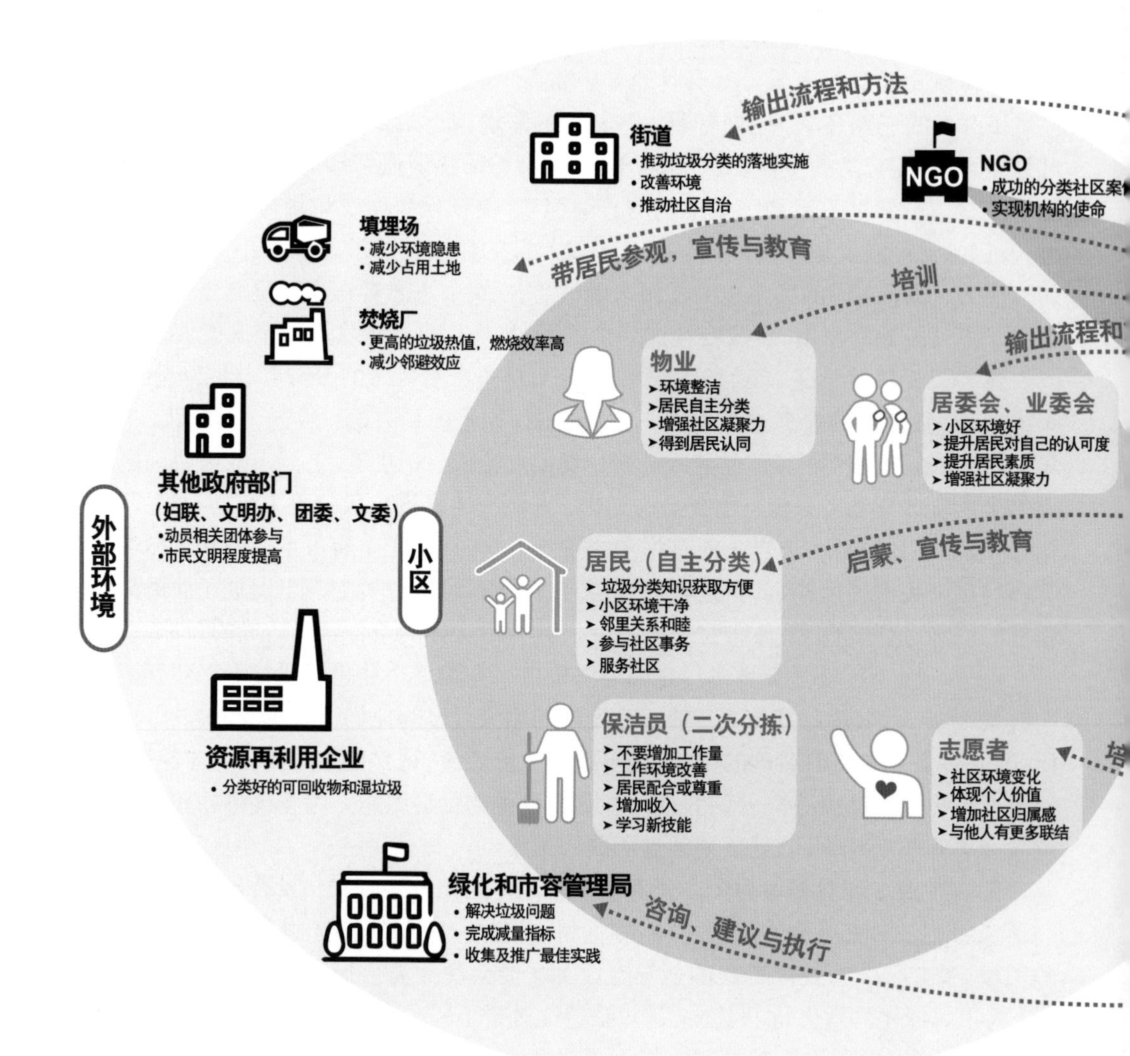
外部环境
小区
输出流程和方法
街道
•推动垃圾分类的落地实施
•改善环境
•推动社区自治
NGO
•成功的分类社区案
•实现机构的使命
填埋场
•减少环境隐患
•减少占用土地
带居民参观，宣传与教育
培训
焚烧厂
•更高的垃圾热值，燃烧效率高
•减少邻避效应
输出流程和
物业
➤环境整洁
➤居民自主分类
➤增强社区凝聚力
➤得到居民认同
居委会、业委会
➤小区环境好
➤提升居民对自己的认可度
➤提升居民素质
➤增强社区凝聚力
其他政府部门
（妇联、文明办、团委、文委）
•动员相关团体参与
•市民文明程度提高
居民（自主分类）
➤垃圾分类知识获取方便
➤小区环境干净
➤邻里关系和睦
➤参与社区事务
➤服务社区
启蒙、宣传与教育
资源再利用企业
•分类好的可回收物和湿垃圾
保洁员（二次分拣）
➤不要增加工作量
➤工作环境改善
➤居民配合或尊重
➤增加收入
➤学习新技能
志愿者
➤社区环境变化
➤体现个人价值
➤增加社区归属感
➤与他人有更多联结
绿化和市容管理局
•解决垃圾问题
•完成减量指标
•收集及推广最佳实践
咨询、建议与执行

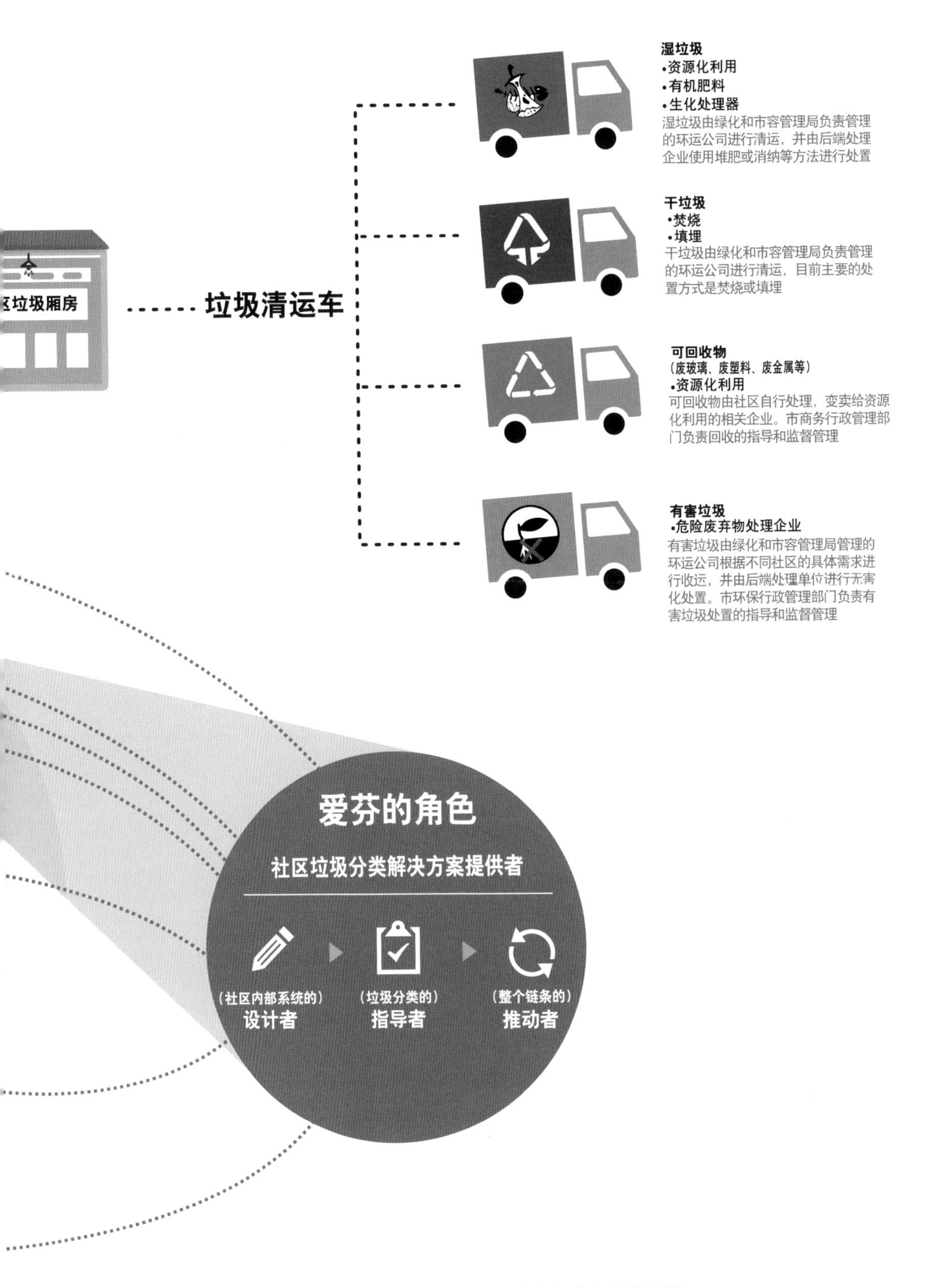

图 1–19　垃圾分类相关方需求分析

第二章　工作指南

1 社区调研

社区调研是指为了了解社区基础情况，并且为后续工作做准备的一系列工作，如实地走访、社区访谈、居民调研等。

图 2–1　社区调研

1.1　社区走访

描述

通过实地走访，了解小区的垃圾处理及设施情况，如垃圾厢房和投放点的位置、数量，水电配置，日产垃圾桶数，等等；还要了解社区基本信息，如小区性质、户数、社区管理者情况等。

原因

需要根据小区具体信息来制订垃圾分类具体实施方案，确定开展垃圾分类的时间节点。

牵头单位

第三方组织

相关部门 / 组织

街道、居委会、物业、业委会

时间节点

召开动员会 (2.1) 之后

工作流程

1. 联系和确认走访对象和走访时间。
2. 实地走访和记录。
3. 信息整理。
4. 沟通筹备期的工作方案。

工作职责

1. 第三方：设计社区走访表格；实地走访和交流；提供初步工作方案。
2. 街道：联系小区确定走访事宜。
3. 居委会、物业、业委会：介绍情况、提供信息。

1.2 居民调研

描述

运用调研问卷、访谈、观察等方式，了解居民对垃圾分类的认识、态度和目前投放垃圾的行为习惯。对调研收集到的信息进行分析后，以适当的方式向居民告知、宣传垃圾分类，营造社区垃圾分类的氛围。

原因

调研的目的是了解居民对垃圾分类的认识、态度以及垃圾投放现状。既是收集信息，也是一个告知和宣传的过程，希望居民通过填写问卷来进行学习，并且可以通过问卷招募居民志愿者开展接下来的宣传活动。

牵头单位

居委会、业委会、物业

时间节点

社区管理者培训工作坊(5.1)之后；社区知识技能培训(5.2)之前。

工作制度

工作要求：认真发放、不做假。

工作流程

1. 培训包括以下内容：调研问卷的意义和重要性，调研问卷发放的方式，建议发放的时间段，话术和回收方式。
2. 发放问卷（上门发放，楼组长和志愿者一起）。
3. 回收问卷。
4. 数据统计。
5. 信息反馈。

工作职责

1. 第三方：调研问卷设计制作；调研问卷发放培训；数据回收和保存。
2. 居委会：组织动员楼组长；调研问卷的回收及统计；调研结果公示。
3. 物业 / 业委会：在居委会和志愿者部分缺失或者力量不足的情况下，负责调研问卷发放及回收，统计及调研结果反馈。

2 工作小组

工作小组是为推动社区实际开展垃圾分类工作而进行的人力储备和组织储备。包括：召开街道层面的社区动员会，成立街道层面的领导小组；在小区内成立由居委会、业委会、物业等管理者组成的社区工作指导小组；大量动员本地社区居民，组建长期的志愿者小组，等等。

2.1 动员会

图 2-2 动员会

描述

由牵头单位组织街道各相关部门、社区管理者召开垃圾分类工作动员会，宣告本街道垃圾分类工作正式启动。会议包括以下内容：街道各相关部门明确各方职责；社区明确垃圾分类工作的任务和要求；了解爱芬的角色和职责。

原因

首先，由主管社区的街道相关部门发布信息和任务，让社区认识到垃圾分类是社区的基础工作而非额外工作，使社区更有动力进行推动；其次，动员会也要把街道层面其他相关部门加进来，从多方面推动，共同营造本街道内垃圾分类工作的氛围。

牵头单位

社管办 / 发展办

相关部门 / 组织

市容所、房办、妇联、文明办、居委会、物业、业委会

时间节点

社区走访(1.1)之前。

工作流程

1. 街道相关领导讲话，发布当年的工作任务和指标。
2. 介绍参会的各相关方。明确各方的职责。
3. 爱芬介绍垃圾分类工作的意义和工作安排。
4. 优秀社区案例分享(可选)。

工作职责

1. 社管办 / 发展办：发布任务，督促社区完成工作任务；协调街道各办公室、媒体资源。
2. 市容所：硬件配备，收运工作安排，协调相关资源，参与垃圾分类宣传工作。
3. 第三方：制订工作方案，提供专业指导，推动工作进度，提供工作进度汇报，开展评估。
4. 房办：要求或督促物业开展垃圾分类工作。
5. 妇联：参与或支持垃圾分类的宣传工作。
6. 文明办：把垃圾分类纳入群众性的精神文明创建活动之中。

2.2 街道工作指导小组

图 2–3 工作指导小组

描述

由街道与垃圾分类减量相关的部门联合组成的工作小组，负责指导、督促、协调本街道垃圾分类相关事宜，确保完成垃圾分类工作任务。成立时须明确街道层工作小组成员及牵头人，各方的工作内容及目标，以及工作小组的工作机制。

原因

垃圾分类是典型的需要多方参与的系统工作，需要街道层面牵头联动各相关方，持续协同推进垃圾分类相关工作，协调解决在工作中产生的问题。

牵头单位

社管办 / 发展办

相关部门 / 组织

市容所、房办、妇联、文明办、党群、老龄办、第三方组织

时间节点

动员会(2.1)当天宣布成立，会前确认及邀请小组各成员。

工作制度

1. 定期召开工作例会。
2. 实时沟通相关工作，定期发布工作信息，可通过微信、电话、邮件等方式。
3. 推动街道层面解决相关问题。

2.3 社区工作指导小组

描述

由小区居委会、物业、业委会、志愿者代表成立工作小组，负责指导、督促、协调本小区垃圾分类相关事宜，确保完成垃圾分类工作任务。成立时，需明确工作小组成员及牵头人，各方工作内容及目标，以及工作小组的工作机制。

原因

垃圾分类工作比较复杂，需要小区管理者如居委会、业委会和物业公司深度协作，达成共识，联合志愿者团队，发动居民和各种社区力量，齐心协力、共同发力，才能不断协调和解决工作过程中的各种问题，达到让居民都参与分类，社区实现垃圾减量的目标。

牵头单位	相关部门 / 组织
居委会	物业、业委会、志愿者组长

时间节点

1. 社区管理者培训会(5.1)当天成立。
2. 社区走访(1.1)时确认成立。

工作制度

1. 定期召开工作例会。
2. 实时沟通相关工作，定期发布工作信息，可通过微信、电话、邮件等方式。
3. 落实到社区层面解决相关问题。

工作职责

1. 居委会：居委会负责推动本小区垃圾分类工作，并落实宣传动员工作。
2. 物业：物业负责本小区分类设备、分类标识等设施的完善、二次分拣、分类驳运等工作。
3. 业委会：宣传动员业主参与垃圾分类，督促物业完成垃圾分类工作，协助居委会开展相关工作。
4. 宣传督导(志愿者)负责人：组织志愿者开展具体工作。

2.4 志愿者团队

图 2-4 志愿者团队

描述

由居委会组织，或居民自发建立垃圾分类志愿者团队，负责宣传、动员、指导、督促、激励居民参与垃圾分类。志愿者最好来自本社区。

原因

垃圾分类工作涉及每家每户，需要动员尽量多的社区力量参与。垃圾分类习惯需要较长时间的养成，需要志愿者持续宣传和督促维持。志愿者团队可作为联结社区居委会和居民之间的桥梁，以身作则、率先垂范，能对居民起到很好的示范和引导作用。

牵头单位

居委会 / 自发组织

相关部门 / 组织

党支部、小区自治组织、共建单位、楼组长

时间节点

1. 社区知识技能培训会(5.2)当天成立。
2. 社区走访(1.1)时确认成立。

工作制度

1. 日常宣传动员工作，如上门宣传、值班、刷卡积分、环保主题活动等。
2. 定期召开工作例会。
3. 定期汇报小区分类情况及问题。

工作职责

1. 对居民进行宣传和引导；告知新入住居民并指导其展开垃圾分类。
2. 小区内定时定点进行绿色账户刷卡积分操作。
3. 每日检查分类情况，如分类质量、分类清运、绿账刷卡规范、硬件环境、保洁员工作等。
4. 定期向居委会汇报小区分类情况，发现问题及时反馈。

3 硬件配备

硬件配备是指为方便居民日常垃圾投放，为居民创造良好的投放环境，对小区内的垃圾投放设施进行调整、改造或改建。包括改造既有垃圾厢房、调整投放点的位置和数量、配置适当的垃圾投放设施等。

图 2–5　硬件配备

3.1 硬件设施调整

描述

为引导居民更好地分类投放垃圾，社区往往需要对现有的设施进行改造。适用于垃圾分类的硬件是有一定标准的，包括分类投放点、分类容器（垃圾桶）、分类标识及相关附件。我们建议，有垃圾厢房的小区，每个厢房须配备完整的 4 个分类桶，干湿垃圾桶的数量视情况而定。

没有垃圾厢房的小区，必须保证小区内有一组完整的 4 分类桶，包括干垃圾桶、湿垃圾桶、有害垃圾桶、可回收物桶，每种至少 1 个桶。对其他投放点的设置建议是：每 200 户设置一个干湿分类投放点，包括 4 个 240 升的干垃圾桶，3 个 120 升的湿垃圾桶。每个厢房及投放点皆须有完整清晰的分类标识，配备照明，条件允许的配置洗手池等附件。

原因

标识完整清晰的厢房和投放点，方便居民了解如何分类投放垃圾，便于物业收运和志愿者监督指导。由于居民每天产生的主要是干垃圾和湿垃圾两类垃圾，这两种桶要占更大比例。安装照明是为了方便居民夜晚投放垃圾，以及进行绿账扫码积分工作。配置洗手池则是方便居民将湿垃圾除袋后洗手，直接拿桶倒湿垃圾的居民能够清洗小桶。

牵头单位

市容局 / 市容所

相关部门 / 组织

物业、居委会

时间节点

1. 如果涉及厢房改造，须提早进行，在正式启动前一周完工。
2. 分类大桶、各种标识在正式启动前 1–2 天内到位。

工作制度

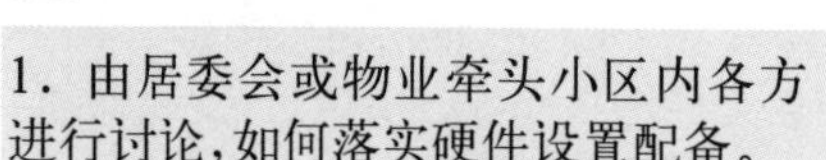

1. 由居委会或物业牵头小区内各方进行讨论，如何落实硬件设置配备。
2. 向居民告知硬件调整情况。
3. 统计并上报小区所需垃圾桶、分类标识的数量。
4. 按照计划进行硬件调整。

工作职责

1. 市容所：对小区进行调研；统计小区所需垃圾桶和标识的数量并发放；协调垃圾厢房或投放点的改造工作。
2. 物业：和社区各相关方沟通和落实硬件设置配备；明确保洁员的工作职责，包括二次分拣（仅拣出湿垃圾桶内的非湿垃圾）、分类驳运、清洁打扫。

3.2 撤桶并点

描述

在小区存在很多投放点，每个投放点的使用者数量小于200户的情况下，需要进行撤桶并点，目的是垃圾分类工作能取得好的效果。没有零散投放点的小区无须进行这一步骤。撤桶并点的原则是：每200户左右共享一个分类投放点；尽量选择在居民集中出行的路线附近设点；选址便于环卫车辆进行收运。具体方法为：如果高层楼房中每层都设置垃圾桶，需要将这些桶都撤掉，统一在某个地方设置垃圾桶，如楼门口，或者让这栋楼的居民到邻近厢房投放。如果小区内每个门栋都放置垃圾桶，建议减少楼栋桶的数量，选择合适位置，邻近楼栋合用一组桶。

原因

过多的垃圾桶影响小区形象，不仅不利于物业管理，还会大大增加物业工作量，同时也会增加所需值班志愿者的数量和工作量，给物业管理和志愿者工作带来更大的压力和挑战。

牵头单位

居委会

相关部门/组织

物业、业委会

时间节点

在社区走访(1.1)后开始筹划撤桶方案；正式开始分类前完成撤桶并点工作。

撤桶并点流程

1．居委会、业委会和物业进行沟通，就是否撤桶进行讨论，达成共识。
2．确定撤桶和新布点方案：怎么撤、在哪里布点、何时撤。
3．将确认好的方案进行公示，打印告知单，附加居、物、业三方落款或盖章。
4．与有意见的居民进行沟通。
5．正式实施撤桶。
6．撤桶适应期工作：在撤桶第一周及时清理原有垃圾点的垃圾，每天检查和反馈，对不理解的居民上门做工作。

工作职责

1．居委会：牵头讨论撤桶的可行性和方案；对所有居民进行宣传和动员。
2．业委会：开展业主的动员工作，配合撤桶。
3．物业：实施撤桶；负责适应期内的清理工作；做好撤桶期间的信息反馈。

4 宣传动员

图 2–6　宣传动员

宣传动员是指为了营造小区垃圾分类的氛围，让居民具有分类的意识、知识和技能，让尽量多的居民都接收到这些信息。宣传的渠道包括纸质海报、电子显示屏、社交网络，以及社区活动时面对面的互动交流。

描述

通过多样化的宣传方式，向居民告知垃圾分类信息、知识和方法，营造社区氛围。通过志愿者值班等日常的提醒和指导，提升居民垃圾分类意识，掌握垃圾分类的基本知识，并实际开始垃圾分类。

原因

在小区垃圾分类初期，由于整个社会还未形成分类的氛围，大部分居民缺乏分类意识，不知道如何正确分类，缺乏对垃圾分类的信任感，需要以各种可能的方式对居民进行大量且高强度的宣传和教育。

牵头单位

居委会 / 业委会

相关部门 / 组织

街道、物业、志愿者团队、第三方组织

时间节点

动员会(2.1)后一直进行，持续用各种方式进行宣传。

工作职责

1. 第三方组织：提供指导和支持。
2. 居委会：确认并执行社区宣传方案。
3. 志愿者团队：执行和落实相关宣传工作。
4. 街道：督促宣传工作开展。

5 社区 / 人员培训

垃圾分类是一个比较复杂、具有一定专业性的工作，在小区正式开展垃圾分类之前，要对所有的社区管理者、志愿者团队、保洁员等进行系统的培训。培训内容包括：垃圾分类的知识和技能，社区垃圾分类的工作方法和流程，志愿者如何开展工作，等等。除了集中培训，还会组织社区管理者和志愿者去参访"垃圾分类示范社区"，以及垃圾的末端处理设施。

图 2-7 社区管理者的培训

5.1 社区管理者的培训 / 工作坊

描述

对社区而言，垃圾分类是个全新的工作，需要发动每家每户甚至每个居民参与，这项工作是前所未有的，对社区管理者的能力是很大的挑战。第三方组织需要在垃圾分类专业知识、社区硬件调整、社区动员技术、社区教育等方面进行系统的培训、指导、督促，促使其达成工作目标。

对社区居委会、业委会、物业、志愿者团队负责人进行培训，让他们了解垃圾分类的意义，以及他们工作的内容和方法，可能遇到的问题和应对的方法。

原因

垃圾分类工作比较复杂，具有一定的专业性，需要社区管理者学习专业知识和技能。垃圾分类也是社区管理中的一环，需要社区管理者深入合作，就管理问题进行商讨、形成共识。

牵头单位

街道(社管办)

相关部门 / 组织

市容所、居委会、业委会、物业、志愿者团队负责人

时间节点

动员会(2.1)之后。

培训会内容

1. 为什么要做垃圾分类。
2. "三期十步法"和关键工作模块的讲解
3. 优秀案例分享。
4. 介绍绿色账户，以及如何开展工作。

工作职责

1. 社管办 / 发展办：和第三方组织共同确定培训会时间、地点、参会人；邀请街道相关部门。
2. 社区居委会、业委会、物业人员参会。
3. 第三方组织：确定培训会流程；撰写培训教案；邀请培训师；现场培训；评估和总结。

5.2 社区垃圾分类知识技能培训

描述

对志愿者团队、物业相关人员进行培训，内容包括垃圾分类的基础知识、工作内容、工作方法、可能遇到的问题及应对方法。

原因

在具体实施垃圾分类的过程中，社区管理者会遇到很多困难和挑战。如果没有环保信念、坚持精神以及专业技能，很难坚持下去。社区参与垃圾分类的过程，是社区学习、成长和建设的过程。

牵头单位

居委会

相关部门 / 组织

物业、业委会、志愿者团队

时间节点

正式开始垃圾分类(6.2)前1个月内进行。

培训会内容

1. 为什么要做垃圾分类。
2. 如何进行垃圾分类。
3. 志愿者在垃圾分类中的工作。
4. 保洁员在垃圾分类中的工作。
5. 绿色账户介绍。

会议流程

1. 讲师自我介绍，介绍当天课程架构和时间。
2. 讲师：垃圾分类知识培训。
3. 游戏和互动。
4. 问答环节。

工作职责

1. 居委会：和第三方组织确定培训时间、地点、参与人员等；召集居委会干部、业委会成员、志愿者、物业人员参加。
2. 第三方组织：派遣培训师进行培训。

5.3 参访优秀小区／终端处置设施

图 2-8 参访优秀小区／终端处置设施

描述

参访优秀小区：作为培训的补充，组织参与垃圾分类的各相关方，如居委会、物业、业委会、志愿者团队，或者街道相关部门参观垃圾分类优秀小区（本街道内的小区优先考虑），让他们直观地感受垃圾分类小区的真实情况，增加开展工作的信心。参访包括实地参观及交流会，与优秀小区的居委会、业委会、物业、志愿者团队负责人进行交流。参访填埋场、焚烧厂：作为培训的补充，组织相关人员参观填埋场、焚烧厂，实地了解垃圾对环境造成的危害，激发他们对环境的责任感，增强开展垃圾分类的决心。

原因

参观优秀小区可以让社区垃圾分类的各相关方学习经验、增强信心，了解垃圾分类给社区带来的改变和益处。优秀社区的现身说法对社区管理者也会更有说服力。参观填埋场、焚烧厂可以增强他们做垃圾分类的动力。

牵头单位

居委会／第三方组织

相关部门／组织

物业、业委会、志愿者团队

工作制度

1. 参访优秀小区：工作中遇到困难或有需求。
2. 参访终端处置：社区提出需求。

时间节点

1. 参访优秀社区：社区垃圾分类知识技能培 训（5.2）之后。
2. 参访终端处置：提早或在正式开始 1-2 个月后，也可在志愿者团队、物业保洁培训后进行。

参访终端流程

1. 第三方组织自我介绍（去程车上）。
2. 告知安全事项。
3. 介绍行程。
4. 主任／书记发言。
5. 现场参访。
6. 分享参观感受（回程车上）。
7. 知识问答。

工作职责

1. 第三方组织：负责对接社区及被参访点；出具服务协议；陪同参访解说；协调交通、餐饮；等等。
2. 居委会／业委会：负责邀请、组织居民和志愿者，与第三方组织对接。

6 正式启动

经过前期扎实的宣传工作和硬件调整之后，小区将以全新的面貌来迎接一个新的工作的到来。在小区正式开始垃圾分类之前，举办一个热闹的启动仪式是必要的。在启动仪式上，可以面对面为居民现场示范，为其发放必要的宣传品、湿垃圾桶和积分卡。

6.1 启动仪式

描述

在筹备期之后，为宣告一个小区垃圾分类正式启动而举行的仪式，集庆祝、告知、给居民发放宣传品和分类用品于一体，目的是营造社区垃圾分类的气氛，让居民感知到垃圾分类工作即将正式开始，吸引居民参与。

原因

在社区做活动或项目，仪式感是非常重要的。仪式是一种区分，使一件事区别于另一件事；也是一种标志，从一种状态转向另一种状态。垃圾分类启动仪式就是一种标志，表明从今往后，小区就从“不分类”的状态转化到“垃圾分类”的状态。一般而言，仪式越特别、越隆重，给人的感觉就是大家越重视，越有成功的可能性。

牵头单位

居委会

相关部门 / 组织

物业、业委会、志愿者小组、文娱小组等

工作目标

1．信息告知：小区要开始垃圾分类了。
2．营造气氛：志愿者发言，鼓励居民参与。

时间节点

在小区确定正式分类的日期当天，或之前的 1–2 天举行。启动仪式建议在周末开展，便于更多居民参加。

工作流程

1．居委会 / 业委会发言。
2．上级领导发言。
3．社区志愿者代表发言。
4．娱乐节目或游戏。

工作职责

1．居委会：确定正式开始垃圾分类日期等信息；牵头确定启动仪式的时间、地点、会议议程、邀请对象。
2．业委会：开展业主的动员工作，协助居委会确认议程，等等。
3．物业：负责场地确认、清洁、清理(比如停放的车辆等)；准备物料。
4．第三方组织：现场协调。

6.2 发放垃圾桶 / 宣传品

描述

在启动仪式上，将宣传资料、家庭湿垃圾桶、冰箱贴或其他具有宣传效果的材料，当面发给居民。利用这个机会，与居民面对面交流，让居民了解在家中如何分类，到小区如何投放。

图 2–9 发放垃圾桶

原因

发放垃圾桶可以为居民在家中分类提供便利；吸引居民主动来了解和学习垃圾分类；面对面交流可以提升宣传效果。

牵头单位

居委会

相关部门 / 组织

物业、业委会、志愿者

时间节点

在小区确定正式分类之前，建议在周末开展。

工作流程

1. 所有物料到达现场，确定发放顺序。
2. 现场进行志愿者培训。
3. 按照先讲解后发桶的方式进行，包括 3 个步骤：
a. 在家中如何分类；
b. 在厢房如何投放(着重演示除袋，并解释为何要除袋)；
c. 发桶、发卡签字。

工作职责

1. 居委会：确定发桶的时间、地点；提前通知居民参与；做好物资签收表格；组织志愿者协助宣传。
2. 业委会：组织居民参加；协助居委会的工作。
3. 物业：清洁场地；搬运物资到指定地点。
4. 志愿者：现场宣传、发桶、发卡、签收、维持秩序。
5. 第三方：指导监督。

7 督促和管理

督促和管理是指垃圾分类启动之后，为引导居民进行正确的分类投放，需要社区志愿者较长期地在垃圾投放点进行值班，物业须确保投放环境干净整洁，做好二次分拣的工作。

图 2–10　宣传督导

7.1 宣传督导

描述

在厢房或分类投放点定时定点(此特指在厢房或者分类投放点)值班，对居民的分类及除袋投放进行现场宣传、指导和鼓励，帮助居民养成分类投放的好习惯。

原因

1. 社区定时投放一般为居民投放垃圾高峰阶段，可以面对面地接触到大量居民，是进行宣传的好机会。
2. 居民的行为改变需要一定的时间，通过较长期的值班，可以督促其发生改变并形成习惯。
3. 纠正居民不正确的分类行为。
4. 本社区志愿者的奉献精神可以感染部分居民发生改变，有助于形成更好的社区氛围。

牵头单位

居委会 / 业委会

相关部门 / 组织

志愿者团队、物业、业委会、第三方组织

时间节点

正式启动垃圾分类(6.2)之后，建议志愿者值班 2–3 个月。

工作制度

建立值班工作制度：明确工作周期、工作时间、工作职责、工作要求等。例如，每天早晚投放垃圾高峰时段各 1.5 小时，以定时定点定岗的方式，对居民进行宣传和指导。

工作流程

1. 安排志愿者排班表。
2. 准备值班物料：值班记录表、积分设备、马夹、袖章、分拣夹、手套等。
3. 宣传督导：志愿者按时到达现场，着志愿者服装或佩戴相关标识，站在垃圾桶或者厢房前，遵循值班五步法：问候 – 观察询问 – 确认 / 指导 – 记录 – 感谢。

工作职责

1. 居委会：招募志愿者并组建团队，排出值班表；日常工作反馈机制，组织安排志愿者例会协助进行志愿者团队建设。
2. 志愿者团队：对居民进行宣传和引导；在小区内定时定点专人按要求进行积分刷卡；每日检查分类情况；定期向居委会汇报小区分类情况，发现问题及时反馈；进行团队管理、团队建设；等等。
3. 业委会：组织动员志愿者。
4. 第三方组织：提供培训和值班期间相关问题的指导。

7.2 工作例会

描述

志愿者之间交流工作、交换意见、互相感染和激励的一种工作聚会。让值班志愿者定期交流，对社区工作提出意见和建议，不断改进工作流程，同时分享感受，相互激励，相互促进，使团队更有凝聚力和工作热情。

图 2–11　工作例会

原因

志愿者值班过程中出现的问题和建议需要及时反馈；对值班中的困难进行交流分享，可以帮助他们更好地克服困难；志愿者需要得到管理者的感谢和激励，保持更高的热情。

牵头单位

居委会／业委会

相关部门／组织

志愿者团队、物业、业委会、第三方组织、市容部门

时间节点

正式启动垃圾分类(6.2)一周后。

工作制度

1. 定期举行：前期一般每周(或每两周)举行一次，之后可以一个月举行一次。整个执行期不少于 3 次。
2. 内容：问题收集、总结、分享和激励。
3. 反馈机制：对值班期间发生的问题进行梳理总结，并通过黑板报、楼门告示等方式向居民进行公示反馈。

志愿者例会流程

1. 开场白。
2. 参会者自我介绍。
3. 参会者分享感受并反馈问题。
4. 主持人记录问题、汇总并回应。
5. 告知工作安排和跟进事项。
6. 感谢。

工作职责

1. 居委会／业委会：确定例会时间、地点、流程；召集所有志愿者及相关方参会；负责主持会议；做好会议记录；负责落实会议跟进事项。
2. 志愿者团队：主动参会；分享感受、反馈问题、提出建议，协助落实跟进事项。

7.3 物业工作

描述

垃圾分类开始后，物业工作人员负责硬件管理，确保投放点的干净整洁，负责小区内垃圾分类驳运到指定地点、二次分拣等工作。分类初期二次分拣量较大，会逐渐减少。

图 2-12　物业工作

原因

垃圾投放环境是否干净、舒适，会直接影响到居民的投放行为能否持续；居民分类好的垃圾须进行分类驳运，对接市政清运系统；居民分类初期，分类质量不佳时，要由物业工作人员协助分拣。

牵头单位

物业

相关部门 / 组织

居委会、业委会

时间节点

正式启动垃圾分类(6.2)之后。

工作职责

保洁员：
1. 每天洗桶1次、每周冲洗厢房和投放点，确保其洁净、无异味；保持附属设施和工具干净、整洁。
2. 对分类垃圾及时驳运到指定位置；可回收物及时处理，有害垃圾通知清运部门收运。
3. 定时巡视垃圾投放点（1-2 小时一次），并进行二次分拣，确保湿垃圾纯净。
4. 协助进行垃圾分类宣传，工作中发现问题及时向物业公司或居委会反馈。物业：督促保洁员完成以上工作。

8 社区激励

社区激励是指为鼓励居民进行垃圾分类而开展的各种激励活动，包括物质激励如“积分兑换礼品”，以及在小区内发布社区分类成果、发放感谢信、对优秀居民进行表彰等精神性的激励活动。

图 2–13 社区激励

8.1 物质激励

描述

为了鼓励更多居民持续地践行垃圾分类而设置的制度或活动，一般的方式是，对能够正确分类的居民进行积分，积分可兑换礼品或服务。

原因

社区开展垃圾分类初期，部分居民对垃圾分类不了解、不愿参与，可以用物质激励的方式吸引这些居民参与。另外，有的居民对物质激励比较敏感，可以用这种方法很好地促使他们改变行为。

牵头单位

市区部门级主管／居委会

相关部门／组织

市区级主管部门、第三方组织或企业、居委会、志愿者团队

时间节点

正式启动垃圾分类(6.2)之后。

工作制度

绿色账户工作机制(参见绿账网站 http://www. greenfortune.sh.cn/)。

工作流程

1．办绿色账户卡。
2．选择绿色账户刷卡点，确定刷卡时间。
3．确认志愿者人选。
4．志愿者刷卡培训。
5．上岗刷卡。(备注：此内容须分解到之前工作的流程里)

工作职责

1．居民：每天定时定点正确投放垃圾可获得积分。
2．志愿者团队：每天定时定点为正确投放的居民刷卡积分。
3．市区级政府：建立绿色账户运行机制；提供礼品或兑换资源。
4．第三方组织／居委会：定期组织活动，积分兑换。

8.2 精神激励

描述

为激发居民公民责任感和环保热情，鼓励其持续践行垃圾分类而开展的具有正向激励效果的活动，召开表彰会，发感谢信，邀请媒体报道，为小区授牌，等等。

原因

人们都有被认可、被赞美的心理，得到鼓励会强化之前养成的好习惯。同时，精神激励还可以激发居民的市民责任感，对社区的热爱和归属感。

牵头单位

街道／居委会

相关部门／组织

第三方组织、媒体

时间节点

正式启动垃圾分类（6.2）之后。

会议内容

用表彰会、感谢信、媒体报道、授牌（垃圾分类示范社区）等方式对社区和居民进行激励。

社区表彰会流程

1. 领导发言。
2. 项目活动总结。
3. 进行表彰。
4. 请获奖者发言。

工作职责

1. 街道／居委会：确定表彰会的日期、地点、流程、邀请对象；准备奖品和奖状；邀请发言人。
2. 第三方组织：现场协调。

9 评估总结

垃圾分类正式开展2-3月后，需要对小区的工作成果进行总结和评估，以总结小区工作经验，表彰先进人物，确定下一步工作方向。

9.1 评估

描述

为长期持续推动垃圾分类工作，须在小区正式分类后，邀请其他第三方组织以数据采集、现场查看、居民访谈等方式，对已实施垃圾分类的小区进行评估。根据评估结果分析现状、总结经验，为下一阶段工作的提升提供信息和依据。

原因

通过评估了解小区垃圾分类工作取得的效果和存在的不足，为下一阶段的工作提供改进依据。

牵头单位

街道

相关部门／组织

受邀的第三方组织(非项目执行者)、居委会、物业、志愿者等

时间节点

正式启动垃圾分类(6.2)3 个月后。

评估机制

1. 使用评估工具定期对社区垃圾分类工作进行测评。
2. 将测评结果进行反馈和公示，提出整改意见。
3. 进行整改。

实际评估流程

1. 安排评估时间、地点，确定负责人。
2. 收集和整理数据。
3. 走访社区，采集数据。
4. 汇总和整理信息。
5. 出具评估报告。

工作职责

1. 受邀第三方：定期走访评估。
2. 社区：协助评估。

9.2 总结表彰会

描述

在垃圾分类开展一段时间后，对小区工作进行回顾、总结经验，安排和布置下一阶段的工作；对表现优秀的相关方进行激励和表彰。

图 2-14 表彰大会

原因

总结经验；表彰先进。

牵头单位

街道

相关部门 / 组织

街道各相关部门、居委会、物业、业委会、志愿者团队、第三方组织

时间节点

正式启动垃圾分类(6.2)3 个月后开展；年底召开。

会议流程

1．领导发言。
2．工作报告。
3．优秀代表发言。
4．表彰。

工作职责

1．街道：召集和组织会议。
2．第三方：进行工作报告。

10 制度建设

垃圾分类不是一次活动，也不仅是一个项目，而是一个“只有开始没有结束”的工作。为了垃圾分类能够长期持续地开展，逐步成为小区的常规工作，各项制度保障是必要的。小区内各利益相关方要坐下来，对垃圾分类的持续管理提出合适的方案，形成制度，并切实地落实下去。街道、市区级政府也须为小区提供政策和制度上的保障，在分类清运、后端处理、资金支持、社会氛围的营造上持续发力，推动小区工作常规化开展。

10.1 内部制度

描述

为了小区能够长期持续地进行垃圾分类，社区管理者根据实际工作情况和政府的相关要求，确立小区内各相关方的工作职责及工作机制。

原因

要想长期维持小区的垃圾分类成果，需要使这项工作成为小区的日常工作，进行常态化管理，这是需要居委会、物业、业委会、志愿者团队多方合作才能完成的。小区须建立有效的制度并落实，才能实现以上目标。

牵头单位

居委会

相关部门 / 组织

物业、业委会、志愿者团队、第三方组织、街道

时间节点

正式启动垃圾分类(6.2)2–3 个月后。

工作制度

1. 小区各相关方共同商议后，在小区内部建立垃圾管理工作制度。
2. 推动各项制度落到实处。

工作流程

1. 由街道牵头召开会议，安排小区制定内部制度。
2. 上级部门督查各小区制度落实情况并反馈给社区，进行整改。
3. 上级部门或社区内部定期召开专题会议，跟进出现的各种问题和解决方法，建议每年召开 2–3 次会议。

10.2 外部制度

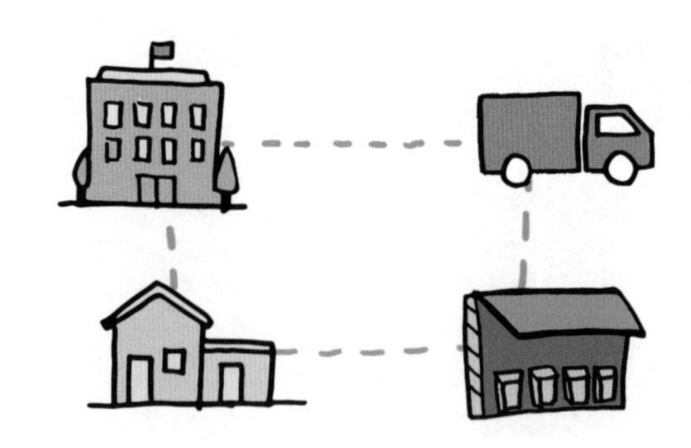

描述

外部制度是指除了社区管理者之外的其他部门的工作制度，这些部门包括街道、市容所、清运公司、第三方组织等相关方。建立这些制度的目的是小区垃圾分类能够长期持续地运转。

原因

垃圾分类工作成果维护，需要上级部门多方支持才能完成。

牵头单位

街道

相关部门 / 组织

市区政府、街道、第三方组织

时间节点

正式启动垃圾分类(6.2)2—3 个月后。

工作制度

1. 上级部门建立针对社区的督查和奖惩制度。
2. 政府针对小区的资金支持。
3. 市容部门确保对分类垃圾及时清运、处理。
4. 条件允许的话，政府可支持第三方组织提供社区环保活动。

工作职责

1. 区级政府：提供政策、财政保障，统筹落实分类减量工作，设立绩效考核标准。
2. 街道（社管办或发展办）：召集和组织专题会议；督查各社区制度是否建立；督查社区制度落实情况。
3. 市容所：协调清运及分类硬件设施问题的解决。
4. 清运公司：做好分类清运。
5. 第三方组织：协助社区制定维持期制度；定期开展激励活动；开展环保主题活动；定期督查垃圾分类情况。

专家评析：

基于垃圾分类行为理论的爱芬“三期十步法”实践和理论研究

一、为什么研究垃圾分类要以个体行为为出发点

（一）当前存在问题

发布的法规条例、管理办法等注重整体解释，缺乏基层指导性，基层不知道如何有效实施垃圾分类，导致花了大量的人力物力财力，但是效果不好。

从 2011 年开始，国家相继发布多个文书、规划、意见等包含推动生活垃圾分类制度的实施，在最新颁布的《生活垃圾分类制度实施方案》中要求在全国 46 个城市先行实施生活垃圾强制分类[1]。同时，上海、北京、广州、南京、杭州等垃圾分类试点城市相继发布生活垃圾分类管理条例，对城市推动生活垃圾分类制度进行了规定，强调干湿垃圾分类，对于厨余垃圾单独收集、运输和处置。但是当前各大城市发布的相关垃圾管理政策和条例大多注重整体解释，缺乏对城市居民个体的指导，即干湿垃圾分类如何在社区有效地开展。实践表明：街道和社区层面的垃圾分类的理论和经验不足，导致分类结果参差不齐；一些错误的实践使社区居民丧失信心，严重损害公众参与政府今后政策执行的积极性。因此，针对城市居民个体的干湿垃圾分类行为的研究显得尤为重要。

（二）行为理论的缺陷

行为理论为了研究，删去一些因素，从而导致无法有效地指导实践，实践过程中个体的差异很重要，但是行为理论往往忽略了这种差异性。

行为学的范畴广泛，涉及行为种类众多，如绿色出行行为、节约能源行为、健康选择行为（戒烟、戒酒等）、可持续消费行为等[2-7]。行为学理论模型的目的在于解释行为的发生机制进而帮助实现行为改变；行为学概念模型需要同时具备两个作用：一是阐明行为发生的动机，二是阐明如何推动行为改变[8]。

现有的行为学理论模型研究成果丰硕，理论模型方面的研究比较成熟，诸多经典模型被广泛应用到不同尺度和不同领域，用于解释、指导和实施行为改变实践。例如，态度−行为−背景理论模型(Attitude−Behaviour−Context Theory−ABC)[9]、规范激活理论模型(Norm Activation Theory)[10]、理性选择理论模型(Rational Choice Theory)[11]、理性行为理论模型(Theory of Reasoned Action −TRA)[12]、价值−信仰−规范理论模型(Value−Belief−Norm Theory)[13]和计划行为理论模型(Theory of Planned Behaviour −TPB)[14]等。

现有理论模型中所提及的，对行为产生或者行为改变有着重要影响的构念繁多，例如，态度、意图和规范等。这些因素的类别划分和学术命名没有一套系统性标准可以参照，受到研究尺度或诸多其他客观因素的影响，研究者往往遵循一套自己独有的标准，故而这些因素存在重复的情况[15]。这导致了不同理论模型之间难以相互借鉴而得到进一步完善和提升的结果。

现有理论模型研究成果已有诸多实践，仍不能真正有效地将研究产出转化为实际应用中的良好表现。一些理论模型具有高度的启发性，能够为研究提供新的思路和方向，但是这些模型在实践中却又往往表现不够亮眼，反之亦然。好的概念模型必须能够平衡这两者之间的关系[8]，而导致这一现象的原因可能有以下两个方面。一方面是现有理论都不够完整，为了方便在实际中的操作，这些理论或者模型往往只包含了数量有限的构念，而忽略掉了某一些或者某一类构念。普遍来说，涵盖因素种类越广泛的理论的表面有效度越高，而对构念定义越窄越清晰的模型在研究和实践中的应用更多[15]。Michie 和 Prestwich 的研究指出：在现有的以理论为基础进行干涉设计和行为改变的研究中，只有 10%将行为改变手段和理论构念结合起来；而仅有 9%将理论中所有提及的构念在行为改变手段中体现出来[16]。近年来多有研究强调对行为学理论模型的操作化、应用化、检测以及精练的研究需求[17−19]， 但是进展较为缓慢。态度−行为−背景理论模型(A−B−C theory)和理性行为理论模型(TRA)被认为是具有较好实践应用价值的理论模型，但是在其构建中，都忽略了一个十分重要的要素，那就是“习惯”。习惯可以减少行为改变所需的认知处理量，并能完全绕过认知思考。经过长期重复的行为形成习惯后，人们就能较少依赖社会影响、个人偏好或对结果的预期来提升他们做出某一行为的意图[8]。目前可以为实践提供助益的理论研究成果众多，但是却没有一种有效的方法帮助实践者选择出最适合某一具体项目的指导理论。另一方面是实践者对于行为学改变理论认识和了解的片面性较强，选择指导理论时往往对全局

知之甚少，缺乏系统性的工具加以辅助。例如，很多文献的统合性回归分析研究表明控制理论（control theory）的优越性[20-22]，然而在 Davis 等[15]关于行为改变理论的 scoping review（泛域综述）研究中，这一理论却又只被提及一次。例如，如果一个行为产生较大程度的受到习惯或者情绪状态的影响，那么一个着眼于信仰和反思性思考的行为模型在这里就不适用了，尤其是在设计十分具体的行为干涉手段时，但由于实践者缺乏系统性的工具帮助他们了解理论的深层含义，从而导致了错误的指导理论选择。与此同时，当使用理论指导实践时，研究者、实践者和政策制定者都倾向于选择已经在文献中广泛提及或者广泛应用的理论，而疏于考量这些理论或者模型的真实质量，多个文献对其有诟病[23-25]。

目前多数研究将重点专注于理论或者实践完成应用之后的检验或者纠错，而少有将目光放在前期预测和实践设计上的研究，现有很多理论无法进行前期预测和实践设计[8]。近期在《科学》杂志中发表的一篇文章明确提出，研究者需要与政策制定者及企业紧密合作，展开中观层面的整合（bridging）研究，将行为理论成果运用于一定规模的干预中，促使实践活动可以有效开展[26]。

综上所述，在居民生活垃圾分类回收领域，尽管有众多案例研究，然而每一项研究相对独立，无法与其他同类研究有机结合；而不同行为理论研究中提出的众多概念也无法直接运用到垃圾分类回收行为研究。两个领域各自的缺失使得无论是实践还是政策制定无法得到有效的指导，尤其是许多研究注重生活垃圾项目开展后的状况分析，不能为生活垃圾管理提供建议乃至预测并指导实际分类行为。所以，在此基础上结合当前垃圾分类与行为理论两个领域的研究进展，从城市居民个体的垃圾分类行为出发，以行为理论为基础，将垃圾管理研究中发现的关键因素与行为理论中的概念进行整合，建立广泛知识体系的整合模型（复旦大学意愿—习惯行为理论），既解决了行为理论领域中的实际应用转化难题，同时也解决了垃圾管理领域中无法将实践进行理论化从而可以对垃圾分类回收实践进行预测、指导的难题。

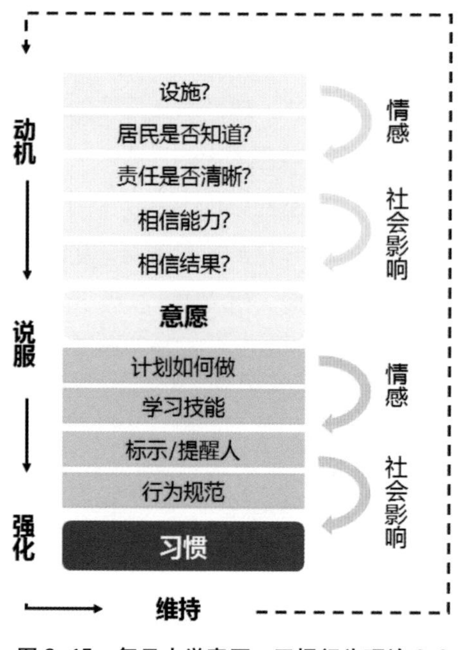

图 2–15　复旦大学意愿—习惯行为理论 2.0

二、垃圾分类指导方法

当前缺乏系统性的垃圾分类指导方法，爱芬模式及其“三期十步法”是国内外比较系统的关于社区如何实施干湿垃圾分类的指导方法，值得从实践效果和行为理论上进行研究。

当前全国有很多的社会组织、公司及基层政府在开展和试点社区垃圾分类，有很多创新的方法，部分试点也取得一定的成绩；但是这些试点方法缺乏系统总结，无论是在新闻报道，还是各个组织公司演讲汇报中，仅仅能够得到试点方法的简单展示，对于在具体开展过程中的前期准备、实施过程、过程控制以及维持运行体系等缺乏整体性的说明或展示，即没有将自身组织或公司的试点方法进行科学、系统的总结和归纳。这样导致无法将优秀试点社区的垃圾分类成绩快速、高效地推广到其他的社区，各个试点的成绩也无法得到保障。

爱芬环保的“三期十步法”是在大量社区试点的基础上，经过自身总结归纳、专家学者研究等得出的一套全过程社区垃圾分类系统方法。所以，作为全国少有的社区

垃圾分类系统指导方法，该方法亟须从实践效果和理论基础上进行深入研究。

（一）爱芬社区“三期十步法”的垃圾分类效果分析

1.爱芬社区与其他社区的数据整体对比

2014—2015年对当时上海市5000多个垃圾分类示范小区的抽样调查研究，以干、湿垃圾桶内干和湿垃圾的重量比例为指标，结果发现36个爱芬模式社区的垃圾分类效果显著高于其余的政府主导信息传递为主的模式社区（见表2-1）。

表2-1 政府试点社区与爱芬模式社区垃圾分类效果对比

	湿垃圾桶内的湿垃圾比例（%）		干垃圾桶内的湿垃圾比例（%）	
	政府试点社区	爱芬模式社区	政府试点社区	爱芬模式社区
社区数量	38	37	38	35
平均值	69%	95%	65%	44%
标准差	19%	8%	17%	22%
p值 [a]	0.312	0.000	0.186	0.093
p值	0.000 [b]		0.001 [c]	

注：

使用3种检验方法：

a.以Shapiro-Wilk检验正态分布假设；

b.U检验；

c.T检验。

2.社区持续性数据

根据静安区宝山路街道632弄小区多年的跟踪研究来看，该小区垃圾分类表现在连续几年都保持在较好的水平（见表2-2）。

表 2 –2　静安区宝山路街道 632 弄小区连续几年的数据

	时间	具体指标	数据表现
启动	2014 年		
第一次研究	2015 年 8 月、9 月	捕获率[1]	46%和 40%
第二次研究	2018 年 8 月、9 月	有效捕获率[2]	33%和 60%
第三次研究	2019 年 4 月	有效捕获率	85%

注：

1.捕获率是一种通过对干、湿垃圾桶内的一次分类的干、湿垃圾重量进行称重和计算得出的真实反映居民自主分类准确性和积极性的指标。

2.有效捕获率是一种通过对干、湿垃圾桶内的一次分类的干、湿垃圾重量进行称重和计算得出的真实反映居民自主分类准确性和积极性的一个综合指标。

根据 2019 年 1 月对爱芬模式的部分小区调研结果来看，即使经过多年之后，社区垃圾分类水平仍然保持在一个较好的水平，说明该模式的长期效果较好(见表 2–3)。

表 2–3　2019 年 1 月抽取部分爱芬模式小区的垃圾分类数据

收集数据时间	小区名称	有效捕获率[1]（%）	污染率[2]（%）	垃圾分类启动时间（年）
早上（相对偏低）	宝昌路 600 弄小区	38.80	11.71	2014
	广盛公寓	32.39	0.00	2012
	扬波大厦	39.60	3.30	2011
晚上（相对偏高）	东新大楼	73.90	1.20	2015
	通源小区	68.00	7.76	2018
	兴亚广场	76.00	4.08	2017

注：

1.有效捕获率是一种通过对干、湿垃圾桶内的一次分类的干、湿垃圾重量进行称重和计算得出的真实反映居民自主分类准确性和积极性的一个综合指标。

2.污染率是通过对湿垃圾桶内的一次分类的干、湿垃圾重量进行称重和计算得出的真实反映居民自主分类准确性的一个指标。

（二）与其他模式的对比

通过梳理文献发现，世界其他国家关于干湿垃圾分类的试点较少，成功的案例更少。那么同样关于不同国家和地区的干湿垃圾分类表现的基础数据稀缺：美国的一个案例表明 2007 年其湿垃圾捕获率为 2.6%[27]；我国台湾地区经过 12 年的发展之后其湿垃圾捕获率为 9.6%[28]；泰国的一项短期的小规模研究表明该试点达到 58%的捕获率，但是没有长期的报道[29]；瑞典的一项研究表明该小区达到 27%和 28%的捕获率[30]。

国内其他模式数据较少，也没有规模化的模式数据，仅有南京志达在南京的 333 个社区的平均参与率为 33%（2018 年某月数据），缺少捕获率以及有效捕获率的数据。

三、理论分析“三期十步法”有效性

（一）复旦大学意愿习惯理论对应“三期十步法”重点步骤

“三期十步法”的重点是硬件改造、社区规则制定、宣传动员和管理制度，下面以复旦大学意愿习惯理论分析这四项重点。

1.硬件改造

表 2–4 复旦大学垃圾分类行为理论分析硬件设施包含的主要细节的结果

主要措施	细节	复旦垃圾分类行为理论因素
硬件设施调整	改造厢房	设施
	配套分类桶+分类标识	设施+提醒
	宣传海报及告示	设施+知识+情感（保洁员辛苦的海报）
	配备洗手池+灯光	设施+相信结果（相信政府确实是要进行垃圾分类，会一直做下去，有好的结果）
撤桶并点	包括高层撤桶+楼下撤桶	设施+提前传播知识和与居民沟通

撤桶并点、改造厢房、分类桶、分类标识、宣传海报、安装洗手池和灯光基本完全对应了复旦大学意愿习惯理论中的设施要求，并且在高层撤桶这一方面体现了前瞻性，高层撤桶成为与居民交流的一个契机（见表 2–4）。

此外，洗手池和灯光的安装对于居民分类提供了必要的方便，洗手池可以解决除袋分类的问题，灯光解决了晚上分类的问题。

为居民提供必要的设施，除了为居民提供了便利，另外一个很重要的作用是居民会认为政府真正要进行垃圾分类，而不是像以前那样只是开展一段时间或者运动式分类，使居民相信垃圾分类的结果是好的。

2.社区规则制定

表 2–5　复旦大学垃圾分类行为理论分析不同时期社区规则制定的结果

不同时期	具体细节	复旦垃圾分类行为理论因素
导入期	工作小组成立和开会	责任划分（清晰）
执行期	各方执行各自的工作	强化各方的责任划分
维持期	有一定的管理体系， 各方保持自己的职责	维持各方的责任，但是部分小区 存在一定的问题

该规则主要对应了复旦大学意愿习惯理论中的各方责任划分（见表 2–5）。不同利益相关方通过工作会了解自己的职责，在实际执行期具体开展工作时，各方的责任会被强化。当然在具体导入期和执行期实施过程中也会涉及部分知识（上门宣传）、技能（启动仪式）、提醒（志愿者的值班）等。

研究发现，在导入期和执行期各方的责任和工作划分很清晰，但是长时间之后，部分小区因物业、业委会、居委会等人员的变动或其他意想不到的事情发生之后出现了问题，建议加强管理制度的建设和执行监督。

3.宣传动员

宣传动员包含了大量的活动和方法，所以主要对应了知识、技能、提醒、社会影响、情感等（见表 2–6）。

具体来看，上门宣传包含了三大因素：知识（传递垃圾分类知识）、情感（志愿者与居民的情感）、居民主体责任。

启动仪式主要是通过发放垃圾桶、宣传单，做垃圾分类游戏，现场教学和尝试等各种活动传递垃圾分类知识，让居民尝试开始垃圾分类（学习技能）以及相信自己有

垃圾分类的能力。

志愿者的招募组建、培训和值班则主要对应的是提高社会影响（影响居民）和情感（与居民的私人情感）、提醒居民（值班提醒）、提高技能（值班时教居民做分类、做示范等）、居民主体责任。

表 2–6　复旦大学垃圾分类行为理论分析宣传动员包含的主要细节的结果

主要措施	细节	复旦垃圾分类行为理论因素
上门宣传	上门宣传的内容要有区分，不同阶段需要不同的信息	知识+居民主体责任+情感
志愿者及值班	志愿者招募组建和培训	知识+情感+社会影响
	志愿者值班	社会影响+居民主体责任+提醒+技能
启动仪式	发放垃圾桶+宣传单	设施+知识
	让居民参与分类游戏，现场尝试分类等	技能+相信能力
年底表彰	精神表彰	社会影响+相信结果
	物质表彰	相信结果
兑换活动	绿色账户兑换礼品	知识+相信结果

年底表彰则主要是通过对优秀居民进行物质和精神表彰，从而让社区形成一种垃圾分类氛围（社会影响），以及让居民相信垃圾分类的好结果。

兑换活动则主要是通过让居民垃圾分类后得到好的结果（得到礼品）来直接促进居民的分类积极性，另外兑换活动也是很好地宣传垃圾分类知识和让居民相信垃圾分类后确实好的结果（得到礼品）。

从宣传方法来看，爱芬的宣传较系统，从开始准备到开始分类，到中间总结表彰，等等，覆盖了多个阶段；同时也因地制宜地与当地结合，例如，与街道或社区组织的其他活动（晚会、老年活动、党建活动等）结合进行垃圾分类的宣传和表彰。

4.管理制度

表 2-7　复旦大学垃圾分类行为理论分析管理制度包含的主要细节的结果

主要措施	细节	复旦垃圾分类行为理论因素
定期评估	称重法评估（借鉴复旦大学方法）居民分类表现，频率以分类表现为基准。分类越好，频率越低；分类越差，频率越高	—
	复旦大学垃圾分类行为理论总体评估社区问题	所有的都会涉及
定期宣传	导入期和维持期宣传活动没有问题，维持期存在一定的问题	维持期责任不够清晰
	每年选择某一月份作为垃圾分类宣传月，集中对处于维持期的社区进行垃圾分类宣传	知识+居民主体责任+情感+提醒+社会影响+技能
	宣传方式建议以上门宣传+志愿者值班为主，其他为辅	知识+居民主体责任+情感+提醒+社会影响+技能
定期督导	以街道为单位，定期由街道和负责的第三方组织对社区内的设施、绿色积分刷卡情况、志愿者值班情况进行检查，将问题反馈给居委会和物业进行整改	设施+相信结果+社会影响+居民主体责任+提醒+技能
	督导频率以社区垃圾分类表现为基础，表现越好，督导频率越低；表现越差，督导频率越高	—

管理制度则主要涉及设施要求、知识、责任划分、提醒、社会影响和情感（见表2-7）。具体见前面关于硬件改造和宣传动员中的详细解释。

四、“三期十步法”重点步骤的要点及迭代更新

复旦大学 2017 年研究爱芬模式社区的结果表明，在宣传动员过程中爱芬原有的模式缺乏对于居民主体责任的重视，以及在管理制度方面缺乏对于社区各责任方的监督和组织。同时全国和上海市当前的政策和垃圾分类形势发生了很大的改变，全国各级政府对垃圾分类现在特别重视，也从原来的试点阶段提升到全面实施阶段，以前的一些障碍现在已经不是障碍。

（一）硬件改造

要点是撤桶并点（多层小区）、高层小区撤桶（有条件时）、厢房干净卫生、标识清楚，与分类桶对应摆放、厢房前无遮挡物，并有洗手池、灯光。

原先试点阶段设施的改造需要爱芬花费大量的时间成本和人力成本进行协调和沟通，现在上海市要求能改造的垃圾厢房全部进行改造，能高层撤桶的全部撤桶，垃圾分类标识、宣传标语等全市都有规定和要求。这一部分对于上海市来说已经不是很大的问题，但是在全国其他地区可能还是一个很困难的事情，需要其他社会组织或企业在这方面投入一定的人力。另外，洗手池和灯光的安装是很好地为居民提供便利性的措施。

（二） 社区规则制定

强调对于居民主体责任，以及与保洁员、志愿者责任的区分，尤其是保洁员的责任（二次分类时间调整）。

2018 年复旦大学与爱芬环保在宝山路街道的研究表明，当通过一些方式方法将居民的主体责任划分清楚之后，社区垃圾分类表现有较大的提高。除原有的社区责任之外，要重点强调居民与保洁员、志愿者责任的区分。垃圾分类的重点是居民的参与，不能由保洁员和志愿者代替居民进行垃圾分类，尤其是在保洁员必须二次分类兜底的情况下，所以需要将保洁员的二次分类时间进行调整，由早晚居民投递高峰期二次分类转化为非高峰期进行二次分类。志愿者值班时严禁替居民进行分类，应该只对没法进行分类的居民（抱小孩、手拿重物等情况）进行帮助，以教育、示范和帮助为主。

物业和保洁员要负责垃圾厢房的管理和清洁卫生，居委会要随时检查硬件情况，及时与主管部门（街道、市容所、城管局等）反馈出现的问题。

居委会要负责垃圾分类的统筹工作，具体为工作小组的组建，志愿者的招募和值班安排，宣传活动的配合和执行，平时的各方监督，等等。

（三） 宣传动员

爱芬的宣传动员整体较系统，也注意与当地的活动进行结合，但是也存在缺乏定制化宣传，例如，在上门宣传方面应该注重不同阶段传递不同的内容和信息，开始阶段强调垃圾分类的知识、垃圾分类的好处以及相关的政策方针，运行一段时间后要强调居民的主体责任，保洁员和志愿者只是协助和辅助的作用，当大部分居民都将垃圾分类之后，上门宣传则需要对不分类居民进行上门劝导和协助，进行精准宣传。

志愿者培训和值班的要明确语言、语气，进行练习和示范，必要时可以推出示范视频进行培训。

启动仪式要点（现场演示与练习）很重要，居民能够自己动手进行练习和操作，对于技能这块有很大的帮助。

（四）管理制度

包括定期评估制度、定期宣传制度、定期督导制度（包括检查设施、刷卡、志愿者值班）。

1. 定期评估

建议第三方组织、街道和社区定期对所负责的社区垃圾分类进行评估（评估频率以垃圾分类水平为基础，分类较好的社区频率低，重点关注的社区和分类较差的社区频率高），建议以分类垃圾称重方法为主（建议借鉴复旦大学垃圾分类评估方法），评估真正、正确地进行垃圾分类的居民比例。此外，建议后期以复旦大学意愿习惯理论为社区评估框架，重点分析分类较差社区垃圾分类存在的问题，进而提出改进措施进行提高。

2.定期宣传

在爱芬“三期十步法”的导入期和执行期都有宣传活动，也达到一定的效果，但是在维持期，当没有爱芬为社区组织宣传活动时，社区往往无法进行有效的宣传。此外，居民的流动导致部分居民没有被宣传到，那么也就不会参与到垃圾分类当中。所以，建议街道或正在运营的第三方每年选择某一月份作为垃圾分类宣传月，集中对所

辖区域内处于维持期的社区进行垃圾分类宣传。集中宣传一方面可以降低成本；另一方面也形成一定的宣传氛围，利于进一步推动垃圾分类。宣传方式建议以上门宣传+志愿者值班为主，其他为辅。

3.定期督导

一些城市本身会有第三方组织对垃圾分类效果进行评估，但是大部分评估内容和评估方式存在一定的问题，无法进行有效的评估，进而无法进行督导。建议以街道为单位，定期由街道和负责的第三方组织对社区内的设施、绿色积分刷卡情况、志愿者值班情况进行检查，将问题反馈给居委会和物业进行整改。当然督导频率与评估频率类似，以社区垃圾分类表现为基础：表现越好，督导频率越低；表现越差，督导频率越高。

五、结论

一是爱芬环保参加的社区“三期十步法”垃圾分类实践效果显著，而且能够长时间保持较高水平。

二是爱芬环保参加的社区“三期十步法”核心步骤符合复旦大学垃圾分类意愿习惯理论模型中的多数关键因素。

三是爱芬环保参加的社区“三期十步法”因政策大环境变动、自身理论经验不足等原因，核心步骤需要进行迭代更新，尤其是居民主体责任的强调、管理制度的创立。

参考文献：

[1] 国务院办公厅关于转发国家发展改革委住房城乡建设部生活垃圾分类制度实施方案的通知 [M]//国务院办公厅．北京．2017．

[2] AVEYARD P，WEST R．Managing Smoking Cessation [J]．Bmj，2007，335(7609)：37–41．

[3] DANAEI G，DING E L，MOZAFFARIAN D，et al．The preventable causes of death in the United States：comparative risk assessment of dietary，lifestyle，and metabolic risk factors [J]．PLoS medicine，2009，6(4)：1000058．

[4] EZZATI M，LOPEZ A D，RODGERS A，et al．Selected major risk factors and global and regional burden of disease [J]．The Lancet，2002，360(9343)：1347–1360．

[5] MOKDAD A H，MARKS J S，STROUP D F，et al．Actual causes of death in the United States，2000 [J]．Jama，2004，291(10)：1238–1245．

[6] PARKIN D，BOYD L，WALKER L．16．The fraction of cancer attributable to lifestyle and environmental factors in the UK in 2010 [J]．British journal of cancer，2011，105(S2)：S77．

[7] SOLOMON S，KINGTON R．National efforts to promote behavior–change research：Views from the Office of Behavioral and Social Sciences Research [J]．Health education research，2002，

[8] JACKSON T．GUILDFORD Surrey：Centre for Environmental Strategy，University of Surrey，2005．

[9] STERN P．Toward a Coherent Theory of Environmentally Significant Behavior [J]．Journal of Social Issues，2000，56：407–427．

[10] SCHWARTZ S．Normative Influences on Altruism [J]．Advances in Experimental Social Psychology，1977，10:222–279．

[11] ELSTER J．Rational choice [M]．NYU Press，1986．

[12] AJZEN I，FISHBEIN M．Understanding attitudes and predicting social behaviour [J]．1980．

[13] STERN P C，DIETZ T，ABEL T，et al．A value–belief–norm theory of support for social movements：The case of environmentalism [J]．Human ecology review，1999，81–97．

[14] AJZEN I. The Theory of Planned Behavior. [J]. Organizational Behavior and Human Decision Processes, 1991, 50:179–211.

[15] DAVIS R, CAMPBELL R, HILDON Z, et al. Theories of behaviour and behaviour change across the social and behavioural sciences: a scoping review [J]. Health Psychology Review, 2015, 9(3): 323–344.

[16] MICHIE S, PRESTWICH A. Are interventions theory–based? Development of a theory coding scheme [J]. Health psychology, 2010, 29(1): 1.

[17] MICHIE S, JOHNSTON, M. Theories and techniques of behaviour change: Developing a cumulative science of behaviour change [J]. Health Psychology Review, 2012, 6:1–6.

[18] WEINSTEIN N D, ROTHMAN, A. J. Commentary: Revitalizing research on health behavior theories [J]. Health education research, 2005, 20:294–297.

[19] WEINSTEIN N D. Misleading tests of health behavior theories [J]. Annals of Behavioral Medicine, 2007, 33(1): 1–10.

[20] DOMBROWSKI S U, SNIEHOTTA F F, AVENELL A, et al. Identifying active ingredients in complex behavioural interventions for obese adults with obesity–related co–morbidities or additional risk factors for co–morbidities: a systematic review [J]. Health Psychology Review, 2012, 6(1): 7–32.

[21] IVERS N, JAMTVEDT G, FLOTTORP S, et al. Audit and feedback: effects on professional practice and healthcare outcomes [J]. The Cochrane Library, 2012,

[22] MICHIE S, ABRAHAM C, WHITTINGTON C, et al. Effective techniques in healthy eating and physical activity interventions: a meta–regression [J]. Health psychology, 2009, 28(6): 690.

[23] CAHILL K, LANCASTER T, GREEN N. Stage - based interventions for smoking cessation [J]. The Cochrane Library, 2010,

[24] WEST R. Time for a change: putting the Transtheoretical (Stages of Change) Model to rest [J]. Addiction, 2005, 100(8): 1036–1039.

[25] WHITELAW S, BALDWIN S, BUNTON R, et al. The status of evidence and outcomes in stages of change research [J]. Health education research, 2000, 15(6): 707–718.

[26] ALLCOTT H, MULLAINATHAN S. Behavior and energy policy [J]. Science, 2010, 327(5970): 1204-1205.

[27] LEVIS J W, BARLAZ M A, THEMELIS N J, et al. Assessment of the state of food waste treatment in the United States and Canada [J]. Waste Management, 2010, 30(8): 1486-1494.

[28] CHANG Y-M, LIU C-C, DAI W-C, et al. Municipal solid waste management for total resource recycling: a case study on Haulien County in Taiwan [J]. Waste Management & Research, 2013, 31(1): 87-97.

[29] BOONROD K, TOWPRAYOON S, BONNET S, et al. Enhancing organic waste separation at the source behavior: A case study of the application of motivation mechanisms in communities in Thailand [J]. Resources, Conservation and Recycling, 2015, 95: 77-90.

[30] BERNSTAD A, LA COUR JANSEN J, ASPEGREN A. Door-stepping as a strategy for improved food waste recycling behaviour Evaluation of a full-scale experiment [J]. Resources, Conservation and Recycling, 2013, 73: 94——103.

（复旦大学博士后，管理学博士　李长军）

第三章　社区案例

1.扬波大厦：

一个未被列入上海市垃圾分类试点范围

却成了垃圾分类示范的小区

社区档案：

名称：扬波大厦

属性：商品房，2000 年建造

规模：两幢高层，159 户

开始分类时间：2011 年 7 月开始筹备，9 月 25 日正式开始

特点：建造初期是教师楼，住着很多老师，后来很多房屋都经过买卖，有不少业主是在附近七浦路、虬江路市场做生意的。该小区采取业主自主管理模式，没有物业公司，物业工作由业委会聘请的物业管理人员负责。垃圾被分成了 11 类，垃圾厢房为开放式，开始分类后一直是上海垃圾分类的示范小区。

扬波大厦是爱芬环保第一个开展垃圾分类试点的小区，当时上海市政府并未将该小区列入试点范围，但经过各方的努力，该小区成为上海第一个成功让居民自主进行垃圾分类的小区。因此，这个小区的试点对于爱芬有着特殊的意义，也是爱芬踏上垃圾分类推动工作坚实的第一步。

2011 年夏天，那时候爱芬环保还未正式注册成立（此案例期间爱芬环保还未成立，但骨干人员基本都在，所以以下依旧以爱芬环保代表当时的团队），当时的骨干成员还是一个社团下面的环保小组，经过两年多对垃圾分类的学习和摸索后，决定和当地（宝山路街道）的政府部门一同选择一个小区作为垃圾分类的试点。选小区的经过没那么顺利，当时垃圾分类还未立法，很多候选小区都拒绝尝试，大部分原因都是对分

类没信心、觉得后端收运处置又会混在一起。直到扬波大厦经过多方努力动员，业委会成员经过协商后表示愿意尝试一下。

小区确定后，街道相关部门（文教、市容、妇联、城管等）、扬波大厦业委会、居委会以及爱芬环保的相关人员组成了工作小组，共同确定了该小区的垃圾分类推进方案。

八九月份主要进行宣传动员，其间举办了环保纳凉晚会、“垃圾旅行记”图片展（展现了生活垃圾从产生到最终被处置的整个过程，呈现了垃圾分类的背景、原因、做法等）等宣传活动，引起居民的关注。接下来向业主发放了垃圾分类征询函，回收到征询函 100%同意在小区开展垃圾分类，这也大大增加了各方的信心。然后静安区市容局以及街道妇联分别给小区居民准备了家用湿垃圾桶和垃圾分类宣传手册、围裙等宣传品，在给每户居民发放湿垃圾桶前还进行了垃圾分类的培训，让居民更系统地了解到垃圾分类的意义。在宣传动员的同时，各方还对小区的硬件设施进行了改造和调整，最终形成了一个开放式垃圾厢房和一个垃圾投放点以满足垃圾分类的需要。最初主要是干湿两类垃圾，市容局也对接好了分类收运垃圾的环卫公司（一开始分出来的湿垃圾纳入餐厨垃圾的收运处置体系）。

图 3–1　扬波大厦垃圾厢房

宣传、动员、培训、硬件改造等准备完成后，9 月 25 日扬波大厦正式开始垃圾分类。垃圾分类从根本上看是要改变居民以前的生活方式和习惯。当时作为一个已经做了两年宣传活动的团队，我们深知要改变居民长期以来的习惯，不是一朝一夕就能实现的，不是做一两次大型活动、三五次培训就能达成的。我们也看到很多“刚开始大张旗鼓，没多久就偃旗息鼓”的案例。因此，要做就一定要做扎实，做好基础工作，与街道的各相关方，与小区的业委会、居委会，与小区的居民一起撸起袖子认真干，共同面对问题和挑战，一同解决困难。于是，从第一天分类开始，每天扔垃圾的高峰时间段我们都会有成员（包括我们自己团队的成员，还有这两年在该街道做活动招募到的周边小区的志愿者）在垃圾投放点值班，指导（不知道如何分类的）、鼓励（分类做得好的）、督促（分类做得不好的）居民进行分类，业委会成员、物业工作人员（业委会直接聘请负责物业管理的人员）也都成为宣传和监督的志愿者。这一过程中，有一些事情对垃圾分类工作起到了相当大的作用。

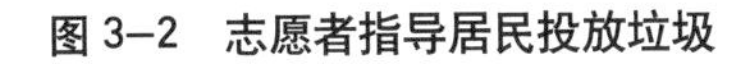
图 3–2　志愿者指导居民投放垃圾

图 3–3　居民分类投放垃圾

一是每次高峰时期值班过程中，我们都会将做得好的居民房号记录下来，值班结束后写到白板上放在小区的门口，这能让居民看到除了自己以外还有很多邻居都在做垃圾分类。

二是不断回应居民的需求。随着工作的推进，越来越多的居民参与环保意识不断提升，并且居民跟我们也越来越熟。有一次，一个居民跟我们说：“现在要换季了，我们家有不少衣物等纺织品不要了，你们给我们宣传和培训的时候说这个是可以回收再利用的，并且直接扔掉也有点可惜，有什么办法吗？”于是我们对接了专门回收衣物的机构，在小区内设置了衣物回收箱。又有一次，一位老年居民跟我们反馈自己家有不少过期的药品和保健品，直接扔怕对环境有污染，还怕被不良商贩捡去了再流入市场。那时候我们正好在跟一家上海药监局认可的专收过期药品的机构合作，于是又给小区添置了过期药品回收箱。最后经过多次这样的事情后，小区从最初的干湿分类变成了 11 分类，对应居民的需求和终端的支持，将可回收物和有害垃圾又进行了细分。

三是小区进行垃圾分类的第二天一早，我们也早早地到了小区，因为根据与政府相关部门沟通的情况，第一天开始分类后产生的湿垃圾会在第二天一早运掉，所以我们要亲眼见证分出来的垃圾并没有被混装混运。第二天早 7 点的时候，一辆与一般垃圾车不太一样的槽罐车来了，专门收湿垃圾，并且为了防止滴漏，湿垃圾是从上方装入槽罐车的，而不是像一般的垃圾车是从后面装入垃圾车。后期我们还跟过这样的收运车，确认其是运到了湿垃圾预处理厂。了解了这些信息，我们也放心了，同时还把湿垃圾最终运到什么地方、怎么处理的都做成了宣传板，贴在了湿垃圾桶后面的墙上（后期，分出来的 11 类垃圾我们都张贴了最后是如何处置的相关信息）。居民们看到来收运的车是不一样的，还了解了湿垃圾是如何处置的，也就消除了分出来的垃圾会被混装混运的顾虑。

四是通过这样细致的工作和宣传，到 12 月份的时候，经过调研，已经有近 90%的分类都由居民自主完成，约 10%的工作需要保洁员协助。

都说垃圾分类是一件只有开始没有结束的事，如何让成果持续保持也是一个巨大的挑战。扬波大厦的垃圾分类也不是一帆风顺的，这期间初期成立的工作小组会定期、不定期地开会讨论，解决垃圾分类过程中遇到的一些问题，持续开展一些相关的活动，比如：分类开始一周后，给所有居民发了一封感谢信，在感谢和鼓励居民的同时，也提出了一些有待改善的地方；开始一个半月的时候，组织小区里的小朋友开展了一次环保课，并带领小朋友参观了自己小区的分类垃圾厢房，让小朋友回家后继续以小手牵大手的方式持续带动家庭开展分类；开展分类半年后，因为小区里的一棵枇杷树结了很多果子（曾用小区产生的部分湿垃圾堆肥后的肥料给这棵枇杷树施肥），就在小区举办“绿色感恩枇杷节”，居民们一起摘枇杷、分装枇杷，由小朋友送给每家每户，感谢居民为垃圾分类作出的努力，居民们了解到是施了自己分类出来的湿垃圾变成的肥料长出的果子，也更加直观地感受到了垃圾分类的价值。

图 3–4 感谢信

目前，扬波大厦的垃圾分类已经进行 9 年多了，还是一直保持得非常好，一直是上海市垃圾分类的示范小区，每年都会有各级政府部门以及其他地区的人来参访、交流、学习。

扬波大厦垃圾分类取得的主要成果如下。

一是上海第一个实现大部分（《新民晚报》报道超过 90%）居民自主分类的小区，受到政府部门、媒体和公众的广泛关注，为各方提振了信心，为之后其他小区垃圾分类的开展提供了示范、借鉴，其分类模式被媒体誉为垃圾分类的“扬波模式”。

二是精细化分类。小区垃圾分成了干垃圾、湿垃圾、有害垃圾、玻璃、金属、塑料瓶、干净的塑料制品、纸张、过期药品、衣物、利乐包，共 11 类垃圾，使得小区内 80%以上的可回收资源得以回收再利用。同时分类区域完全开放式，居民可直观地看到。

三是垃圾减量（减少垃圾的焚烧和填埋）效果十分明显，达到 64%（包括湿垃圾、可回收物的减量）。

当然，扬波大厦的垃圾分类也不是一帆风顺的，其间也遇到了不少问题，各方配合、努力，最终找到了解决方法。

一是初期过了垃圾投放高峰期，没有人值守在垃圾投放点边上，还会有居民没被宣传和监督到，就乱投垃圾。面对这样的问题，物业管理员曾经在小区监控中看到居民没有分类，直接上门进行了沟通。还有一次在湿垃圾中发现了一袋混合垃圾，从中发现了居民的快递单，物业管理员根据快递的地址找到了这户居民，上门进行了沟通。最后，少部分分错的垃圾还是会由保洁员做最后的兜底工作，进行二次分拣。初期二次分拣会比较多，随着越来越多的居民自主参与分类，保洁员需要二次分拣的数量也会越来越少。

二是由于塑料袋不属于湿垃圾，我们要求居民投放湿垃圾的时候需要除袋，塑料袋放入干垃圾，过程中发现有些居民觉得湿垃圾除袋会弄脏手不愿意除袋。经过工作小组讨论，由物业安装了洗手池在垃圾投放点边上，便于居民除袋后洗手。后来又发现，随着冬天的临近，又有些居民因为冷，不太愿除袋了，于是居委会出钱在水池上又安装了即热式的热水器。居民感受到各方对其的关怀和真心想把垃圾分类做好的态度，大部分也更愿意除袋投放了。

扬波大厦垃圾分类的成功具有里程碑意义，其不只是一个简单的垃圾分类示范小区的打造，更证明了垃圾分类是可以做到的，居民是可以做到垃圾分类的。此案例最初也介绍到在选择第一个试点小区的时候，很多小区是拒绝的，而很主要的原因是他们没有信心，对做成垃圾分类没有信心、对其他相关方没有信心，扬波大厦的成功可以说大大提升了各方的自信和互信。同时，也可以从案例中看到，要做成垃圾分类这件事需要各方的参与，政府的、民间的、市场的，各方的力量共同支持并且各司其职才有可能较为顺利地将垃圾分类这件事推动起来。

2.广盛公寓：社区内生力量的作用

社区档案：

名称：广盛公寓

属性：商品房，2000年建造

规模：3幢多层，1幢高层，143户

开始分类时间：2012年9月

垃圾减量率：超过50%（指减少填埋和焚烧的垃圾量，按照垃圾分类后湿垃圾的分出量占干湿垃圾总量的比率进行计算）

特点：由业委会、党支部、居民积极分子、物业保洁等组成了一支小区内的志愿者团队，深入参与到了小区垃圾分类工作中。

2011年扬波大厦垃圾分类试点的成功，给了各方极大的鼓舞和信心，包括我们爱芬环保自己，也想把扬波大厦的垃圾分类经验总结后，看看能否复制到其他的小区。宝山路街道办事处和我们有同样的想法。于是，2012年初，宝山路街道就组织了辖区内其他条件尚可的小区居委会、业委会、物业一起到扬波大厦进行了一次参访，街道和爱芬环保一起进行了讲解。看到因为垃圾分类扬波大厦整体环境得到改善、社区治理得到提升后，广盛公寓的业委会主任主动表示希望在自己的小区也开展垃圾分类，于是爱芬环保的第二个试点开始了，"扬波模式"可复制性的验证也开始了。

小区确认后，各相关方（包括街道相关职能部门，小区居委会、业委会、物业以及爱芬环保）聚在一起召开了筹备会。有了第一个试点小区的成功经验，第二个小区垃圾分类的方案和推进工作也更为顺利，各相关方的态度也更加积极、信心也更足了。会上还对各方的职责进行了分工，时间也作了部署：从5月开始进行筹备，9月正式开始分类，12月进入维持阶段。

筹备阶段主要做了以下工作。

一是与业委会、物业一起给每户居民发放了问卷，调研居民对垃圾分类的了解程度、是否支持垃圾分类以及询问是否愿意成为小区的环保志愿者（回收问卷后，对愿意成为志愿者的居民还上门进行了深入访谈和动员）。同时对小区的垃圾产量、垃圾相关的硬件设施进行了了解。

二是经过小区内各方的动员，最终成立一支十多人的志愿者团队（由业委会、党支部、居民积极分子等组成，这些人都是小区的业主）。这一点是在扬波大厦经验上的一个突破。扬波大厦一开始主要以小区外部的志愿者为主，广盛公寓在筹备阶段就成功组建了由小区业主组成的团队。团队成立后，爱芬环保给这个团队进行了培训，包括为什么要做垃圾分类、垃圾怎么分类以及如何在小区内推动垃圾分类，着重介绍了扬波大厦的经验。了解了这些信息后，这个团队在我们的陪伴和街道职能部门的支持下进行了宣传品的制作布置、垃圾厢房等设施的改造完善，并召集了大部分的业主进行了多轮培训，几乎做到了让每户居民都了解垃圾分类的意义。

经过深入的前期筹备工作后，为了更稳妥地进入实施阶段，经过业委会、志愿者、物业共同讨论后，决定从 8 月 15 日开始先进行 10 天的试运行，试运行结束后如果顺利再进入正式的实施阶段。

图3–5 广盛公寓垃圾分类试运行通知

试运行开始前，静安区绿化和市容管理局也给每户居民准备了一个湿垃圾桶。我们借着给每户居民发放垃圾桶的机会，在小区开展了一次垃圾分类启动仪式，让每户居民来领桶，领桶的时候再次面对面地给每户居民进行一轮宣传并告知垃圾分类试运

行开始的时间。

8 月 15 日一早，我们和小区志愿者一起，在扔垃圾的高峰时间段到垃圾厢房前值班。值班的主要工作就是指导垃圾分类还做得不好的居民进行准确分类，鼓励已经做得好的居民并进行记录，以及回答居民的一些困惑。试运行开始一周后，召开了第一次志愿者例会。例会上志愿者们反馈了值班过程中遇到的各种问题并交流了解决办法；同时大家也都反馈了居民的参与越来越多，做得也越来越好，给了大家很大的信心；都觉得小区的垃圾分类能做好，并一致决定试运行结束后继续保持，进入正式分类阶段。

图3–6 志愿者例会

小区正式进入垃圾分类阶段后，除了早晚高峰时间段的值班，志愿者们还制作了居民垃圾分类激励表，把记录到的做得好的居民户号以打五角星的方式记录在表格里面并张贴到楼道里，每周会出一份“广盛公寓垃圾分类简讯”，让居民们了解到小区整体垃圾分类的情况和进展。分类开始 1 个月左右，正好到了中秋节，于是我们就筹办了一场以垃圾分类为主题的小区中秋晚会。晚会上还邀请到了住在小区里面的一位上海说唱老艺术家（在前期调研时了解到的）共同参与，专门为垃圾分类创作了一段戏剧演给居民们看，创作的部分内容取自小区开展的垃圾分类中的一些故事，效果非常好。

图3–7　环保中秋晚会

经过3个月左右的持续推动，小区的垃圾分类情况逐步稳定，根据调研情况有90%的居民能够自主进行垃圾分类，其中86%的居民在投放湿垃圾时进行除袋，湿垃圾分出的量也超过了垃圾总量的一半。分类情况稳定后，小区的垃圾分类工作就进入了维持阶段。为此，各相关方又进行了一轮讨论，确定了小区垃圾分类的管理制度：志愿者值班调整为巡视，每天轮流在早上进行一次巡查，不用站在垃圾厢房边值守，发现解决不了的问题及时反馈给业委会、居委会或街道相关部门；物业保洁也将垃圾分类的相关工作纳入了固定工作，比如，定时将分类好的垃圾运到垃圾车的收运点，定时清洗垃圾厢房、垃圾桶以保证居民分类投放垃圾时有一个清洁的环境，对于少数投放错误的垃圾进行二次分拣，等等。

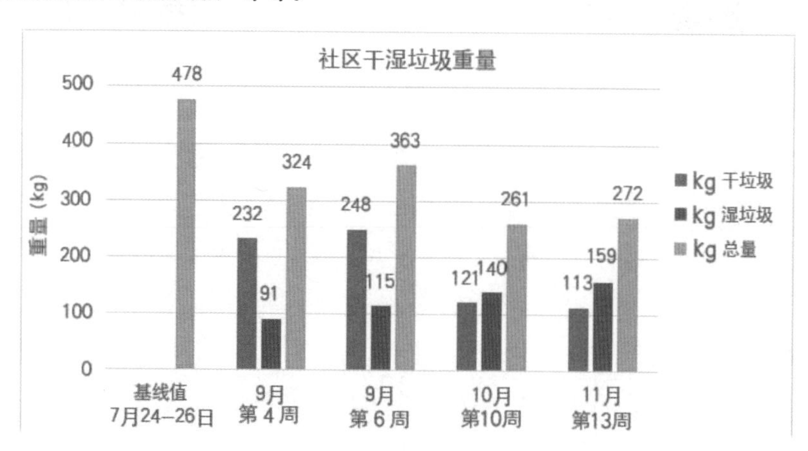

图3–8　2012年未分类和开始分类后数据（绿色代表单日垃圾总量，蓝色代表干垃圾量，红色代表湿垃圾量）

目前，9 年时间过去了，广盛公寓的垃圾分类还是保持得非常好。这样的成果离不开实施过程中各方的努力，其中动员出的社区内部的力量起到了非常大的作用，他们会在爱芬环保这样的外部力量撤出后继续不断地维持好小区垃圾分类的成果，并且不断地自己想出一些方法来解决遇到的问题。这样一个 143 户的居民小区，形成的志愿者团队里就有国企老干部、曾经的企业领导、退伍军人、普通工人，甚至还能找到一位戏曲艺术家来支持，再普通的小区也会藏龙卧虎。

图3–9　志愿者指导居民投放垃圾

第二个小区试点的成功，一方面证明了有更多的小区是可以做到垃圾分类的；另一方面也证明了我们的方式是有效的，更重要的是我们发现推动垃圾分类过程中非常重要的一点，就是带动社区内部力量的参与，这也成为我们之后总结的社区垃圾分类模式中的核心步骤之一。

（注：本案例中的评估数据来源于复旦大学环境科学与工程系可持续行为研究小组的调研，每个数据都调查 3 天，取其平均数得出）

3.樱花苑：

垃圾分类，焕发社区新活力

社区档案：

名称：樱花苑

属性：售后公房

规模：986 户

开始分类时间：2013 年 3 月

特点：有魄力、有担当的居委会书记；有一个热心、踏实的志愿者团队；酵素制作、绿色种植进一步推动垃圾分类成果。

垃圾分类是一场长期的、只有开始没有结束的工作。在爱芬环保撤出樱花苑以后，社区内至今依然拥有一支稳定的垃圾分类巡逻小组。垃圾分类已经成为居民生活的重要组成部分，更重要的是，这项工作为社区生活打开了一扇新的窗户……

9 年来，爱芬环保所合作的 300 多个小区中，无论是小型（500 户以下）、中型（500—1000 户）还是大型 （1000 户以上）的社区，无论是老的售后公房还是新型的商品房社区，都不乏非常成功的垃圾分类的经验。回看这些社区案例，可以找寻到一些共同的成功因素。

“是爱芬环保把我们领上这条路，带领我们开始实行垃圾分类的。他们真的给了我们很多帮助，我一定会记得他们。”樱花苑社区党支部书记、居委会主任徐培英说。

2013 年 3 月，在普陀区真如镇政府的邀请下，爱芬环保开始在樱花苑推动垃圾分类试点工作，以实现居民自主分类、自主除袋并长期保持作为试点目标。2013 年 3 月至 8 月，在爱芬的协助下，历时 6 个月，樱花苑的垃圾分类工作取得了显著的效果，垃圾减量率达到 42.7%。

如今，樱花苑的垃圾分类工作并没有随着爱芬环保的“撤出”而发生变化，在爱芬环保的影响和带领下，它已经成为居民生活的重要组成部分，更重要的是，推行垃圾分类也为樱花苑打开了一扇新的窗户，将更多的资源联结在一起，从而焕发出社区

更多的活力。

图 3–10 垃圾分类黑板报

图 3–11 “开放空间”工作坊

一、垃圾分类，从观念“破冰”开始

事实上，做好垃圾分类并非想象中那么简单。一个日常行为的改变，需要时间的培育、一套科学的方法，更重要的是垃圾分类之外的功夫——居民观念的转变。因而在正式实行垃圾分类之前，前期调研及业主意见征询的工作尤为重要，在爱芬环保的经验里，进行过意见征询的小区，垃圾分类工作更容易获得业主的支持，效果也更好。

“推行垃圾分类，第三方的作用特别重要。一方面，爱芬环保在实行垃圾分类上已经积累了很多经验，总结出了一套方法；另一方面，作为一个社会组织，他们的立场更中立，所以有了他们的介入，会让居民感觉到垃圾分类是一件正儿八经要去做的事儿，那么我们再去动员的效果也就更好。”在徐培英看来，爱芬不仅是樱花苑在推行垃圾分类上的领路人，更是她心中的一颗“定心丸”。除了帮助她在居民那边获得更多的响应外，爱芬的社会组织角色在与政府职能部门的沟通、协调上起到了很大的作用。

如果说入户调研是征询意见的基础工作，那么“开放空间” 就是观念“破冰”的高潮。“那一次，社区图书馆来了 100 多人，党员、志愿者、楼组长全都参加了，以分组的形式进行讨论。每个人都有话语权，可以大胆说出自己的观点。这是一个没有对与错的空间，只有观点的不同。选择不分类的也可以讲出他的想法。”樱花苑的志愿者至今回忆起那场活动，还是那么印象深刻。“最终，居民们在‘开放空间’里汇集了 17 个观点，把大家直接凝聚到了垃圾分类的方向上。”徐培英说。

“开放空间”在樱花苑反响热烈，但并不意味着接下来仅凭居委会书记的一句号召，居民们就会马上投入垃圾分类的行动中。从“开放空间”结束到正式分类的一个多月的时间里，密集的宣传工作就开始了。通过社区内的各种媒介：广播、电子屏幕、黑板报等，滚动式地宣传垃圾分类的相关知识和垃圾减量的意义；在爱芬环保的协助下，居委会组织居民召开各种会议，在社区中渐渐地形成氛围……这些在分类前的工作，在爱芬总结出的一套方法中，一项都不能落下，垃圾分类工作顺利开展的重要基础就在于此。

二、搭建一个管理体系

2013 年 3 月 22 日，樱花苑垃圾分类指导小组正式成立，这标志着樱花苑正式导入了垃圾分类项目。与此同时，一支社区志愿者团队也组建了起来。

樱花苑小区有 986 户居民。最终，150 名社区党员、75 位楼组长、20 多个环保志愿者组成了一支志愿者队伍，以责任承包的方法将住户进行分解，推动垃圾分类的前期各项工作，包括入户征询意见、垃圾分类知识的宣传、垃圾分桶的入户工作等。

2013 年 5 月 6 日，垃圾分类在樱花苑正式实行。值班体系也随之启动，樱花苑社区 77 名志愿者每天 6 人在垃圾厢房旁轮岗值班 5 个小时，保证垃圾干湿分离，这一站就是整整 3 个月的时间。爱芬环保认为，每个志愿者都是一面旗帜，他们站在垃圾厢房旁认真值班，就是用行动感染和影响居民。

在分类开始后，爱芬环保与樱花苑垃圾分类指导小组达成每周一次工作例会的共识，通过每周固定一次的例会，现场办公，了解分类进程，集中解决过去一周以来遇到的问题和困难，提出进一步工作计划。例如，志愿者们经过观察发现，破袋的时候居民们容易弄脏手，是阻碍这一流程的一个原因，于是在爱芬的协调下，安装了洗手池和照明灯，为破袋创造便利的条件。同时，爱芬环保还在此过程中引进其他公益机构，通过生命工作坊、团队共创等方式，帮助小区进行志愿者团队建设以及社区营造。

在爱芬环保撤出以后，社区内至今依然拥有一支稳定的垃圾分类巡逻小组，每 8 人一组督促着居民们的垃圾分类工作。

三、垃圾分类之外的改变

事实上，在樱花苑，推行垃圾分类的意义已经远远超出了事情本身。在樱花苑社区居委会门口有限的空地上，放置着几个家庭农场种植箱，种植箱内的小苗蓬勃地生长着。“这是爱芬环保带领我们参观了梅陇三村以后得到的灵感，我们场地有限，就做小型的。”徐培英介绍道。到了收获的季节，这些自种的蔬菜就由志愿者送给小区

里的老年居民，“虽然量不多，但是老人家都很开心，他们觉得被人挂念着很贴心”。

自开始垃圾分类，樱花苑里关于“环保”“绿色”的元素在无形中就多了起来，会议室里的环保酵素对徐培英和居民们来说也是由此延伸而来的“新事物”，不过现在聊起这些，他们已经头头是道了。

爱芬环保在樱花苑的实质性工作已经结束多年，但是，垃圾分类是一场长期的、只有开始没有结束的工作。樱花苑的一路摸索和实践也证明，用心去做，把各方的力量联结在一起，经历痛苦的过程之后终会有所获得。

4.悠和家园：从分类到改造的社区变化之路

社区档案：

名称：悠和家园

属性：高层商品房

规模：13 个门栋，717 户

开始分类时间：2015 年 11 月试点开展垃圾分类•绿色账户工作

实地回访评估：投放点湿垃圾纯净度较高，居民自主除袋投放频率高

特点：由于较早探索社区减量回收活动，并在商品房社区干湿分类取得成效，获得多方关注。

悠和家园为商品房小区，共有 717 户居民，2015 年 11 月开展垃圾干湿分类，2016 年对小区垃圾压缩站进行改造，将其改造成为社区环保示范中心。至今，垃圾分类已经在社区稳定运行 4 年多了。在 2019 年 1 月至 3 月针对该小区深度调研中发现，社区所有湿垃圾中，居民分出湿垃圾占比超过 60%。根据复旦大学人类行为学组的研究表明，超过 30%即说明分类有效，悠和家园的分类成效是很显著的。

经过对社区的基本调研，我们认为社区要做出成效，主要难点在于门栋桶硬件设施的管理以及针对居民的分类督导。为此，我们与社区管理层多次开会商议，最终确定了硬件设施方案——“增桶”，即在每个门栋原有垃圾桶旁增设湿垃圾桶，原来的混装垃圾桶改为干垃圾桶。保洁根据分类桶不同，分开驳运。

硬件设施已经明确，下一步就是如何发动居民参与垃圾分类。从过去的社区工作经验来看，除了必要的社区氛围营造、前期宣传活动造势外，更重要的是规划社区的工作日程，设置启动日期，并实施分类桶旁指导，以此帮助居民更快养成垃圾分类的习惯。

由于社区选择了“增桶”，就意味着桶旁指导的人员配置需求也加大。我们建议社区广泛发动志愿者，通过垃圾分类志愿者团队值班宣传，帮助居民快速养成垃圾分

类习惯。社区采纳了这个建议，以楼组长为主力人群，组建志愿者值班小组，并由爱芬对值班志愿者和保洁员开展工作培训，加强工作技能和知识。

这一方式最后收到了较好的效果。但是志愿者的值班只是部分时间段，无人看管的情况下，分类桶内的质量如何保证呢？社区将值班团队中的骨干选出，成立巡逻小组，在社区无人值班时间段内开展巡逻：看见垃圾桶内分类不正确则及时分拣，并联系保洁加强管理；如果某个门栋点位多次发现纯净度较低，则有针对性地开展宣传，加强居民的分类意识。

图 3–12　悠和家园志愿者值班指导居民垃圾分类

志愿者的值班时间仅为每天的高峰期，为了进一步提高居民自主分类意识，社区创新式地在门栋张贴“分类确认表”，只要主动分类，即可自行打钩，后期由志愿者收集统计，记入激励制度。

通过这样的日常管理，确保了小区的垃圾分类在较短的时间内步入居民分类为主的轨道。

在社区开展工作中，也并非一帆风顺。由于湿垃圾的分类标准是需要除袋投放的，这引发了社区内不小的争议：有的居民表示，自己在国外的分类都无须除袋，为什么上海需要，无法理解；有的居民认为，除袋动作容易弄脏手，门栋处又没有洗手设备，十分不便利……这些困扰也让社区与志愿者在宣传时十分艰难。后来通过爱芬的耐心解释、播放湿垃圾后端处理厂视频，让大家了解湿垃圾除袋的原因，并且鼓励社区共同探讨解决方案。最终在社区志愿者的宣传下，多数居民理解了除袋，并也积极提出自己的建议，帮助居民更好地做好除袋。

原来的垃圾压缩站是垃圾暂存点，生活垃圾压缩、建筑垃圾堆放、保洁清洗等多种功能混在一起，成为社区的投诉热点。社区与爱芬一起，共同商议在垃圾分类基础上，将这个区域变身为社区的一道风景线。

图 3–13　悠和家园硬件改造后照片

爱芬邀请了同济大学设计团队，运用参与式的讨论方式，先将压缩站必须有的使用功能进行梳理，明确了现存的使用难点，继而通过空间结构的重新划分，将各个功能分区。会上，有居民提出希望能种植绿植，将垃圾房变为小花园。这个提议受到了大家的欢迎，设计师也将此意见纳入设计方案里，由社区引入专业的屋顶花园公司进行设备安装。

为了避免花钱改造、无人管理的尴尬，在改造会上，成立了社区自治管理团队：业委会是财务大臣，物业是法定管理方，居民组成的“花友会”负责所有绿植的种养维护，“绿伙伴”志愿者小组则负责监督。

社区书记表示：悠和绿站的改造，带来最大的改变是居民理念的改变。以前大家都认为垃圾厢房是物业管的，管不好就盯着物业骂；现在“绿站”是小区所有人的，

每个人都应该主动去维护它。

图 3–14 悠和家园宣传兑换活动

悠和家园在垃圾分类上的创造，为其带来非常多的参访与报道，比如人民网《沪社区探索更新项目：垃圾房“翻身”成为小区“绿核”》。在 2018 年 3 月接待了时任副市长时光辉的调研考察。自开始垃圾分类以来，悠和家园内部的管理机制不断更新调整，很好地维护了社区的分类成效。

5.嘉利明珠城：

动员2219户居民一起垃圾分类需要的战术清单

社区档案：

名称：嘉利明珠城

属性：高层商品房

规模：26个门栋，2219户

开始分类时间：2015年11月试点开展垃圾分类•绿色账户工作，2016年6月社区全覆盖

实地回访评估：投放点湿垃圾纯净度较高，居民自主除袋投放频率高

月湿垃圾减量率：51%。(较早创造大型社区的分类实效，获得多方肯定)

作为一个在静安区核心地段的高档洋气小区，有26栋楼、2219户居民，楼层高达29层，楼道口配备了垃圾桶，这样的社区要做垃圾分类该怎么办?

大型居住区、门栋桶，个个都是垃圾分类推进的拦路虎，嘉利明珠城的分类工作如何开展呢?

爱芬和社区一起努力，找到了一条适合嘉利明珠城的垃圾分类推进工作之路。

一、垃圾分类试点有必要

考虑到社区非常大，如果一下子全面推动，社区各方心里都没有底气，经过爱芬与社区共同商议后，决定先做试点。“如果全覆盖有点吃力，那么我们先集中力量做试点，一来累积经验，二来也了解居民对垃圾分类的接受度。”社区经过居民听证会后，确定垃圾分类工作推进方案。

图 3–15 嘉利明珠城垃圾分类工作培训会

为更好了解居民对垃圾分类的认知，社区召开了多次居民交流会。大家觉得垃圾分类是对居民行为规范的要求，肯定要做广泛的宣传，让居民知道如何正确分类，还要有人进行指导，直到大部分居民不用监督也能正确分类，工作才算抓到实处。但是嘉利明珠城 2219 户的大体量，虽然社区有信心能发动的志愿者达 70—80 人，可平均一算，依旧有点捉襟见肘。如何把宣传落实，成为社区推动工作的一块拦路石。

2015 年 11 月，第一批试点区域确定，共涉及 400 多户居民（相当于一个小型社区）。

试点区域的志愿者以社区内党员为主，爱芬对志愿者与保洁开展了工作培训。当了解到湿垃圾桶要保证纯净度，为了防止居民乱扔、错扔，他们还把湿垃圾桶在无人值班时间段锁起来。

后来，被锁的湿垃圾桶旁多了不少分类纯净的湿垃圾，社区决定把桶开放出来，方便居民投放。“没想到，居民真的能分类！”

试点初显成效的同时，还有不少未纳入试点的居民来居委会问自己的楼栋什么时候开始做垃圾分类，这也给了社区更多的信心。

2016年2月，试点区域再次扩大，此次覆盖的户数接近社区总户数的一半（1100户左右）。

虽然户数量翻番，志愿者人力分散，但是在第一批试点中摸索出的宣传经验，却实打实地派上了用场。比如：

在楼栋内醒目位置摆放简单易懂的垃圾分类知识易拉宝；

在电梯内张贴垃圾分类宣传页；

召开垃圾分类培训会，楼组长、党员、骨干居民齐聚一堂，学习垃圾分类的意义和知识；

按照党支部划分“宣传包干区域”，发动社区内的党员，以楼组长和党员搭配的形式，挨家挨户上门宣传；

周末，发动“娃娃教你分类”，组织社区内的学生志愿者在投放点旁指导居民正确分类。

图3–16　学生志愿者上岗宣传垃圾分类

在这样高密度的宣传下，第二批试点区域比第一批的效果还好。“反过来，还带动了第一批的楼栋，说明社区氛围起来了！”书记连称没想到。

二、试点7个月后小区全覆盖

2016年6月，嘉利明珠城正式垃圾分类全覆盖。经历了半年多的试验后，真正做起全覆盖颇为得心应手。7月的社区走访中，投放点湿垃圾纯净度高，居民正确分类多，短短一个月，2219户的垃圾分类工作成效显著。

三、新宣传方法层出不穷

全覆盖后，社区在宣传动员上又增加了新的方法，开展了“垃圾分类百日竞赛”活动：由主任和志愿者每天在早晚投放高峰带队，检查每个点位的投放情况，然后在党员群、楼组长群、志愿者群发布检查反馈，督促激励大家做好垃圾分类；每天晚上，小区内巡逻广播，提醒居民勿忘“干湿分类”；对发现的不分垃圾、乱扔垃圾的居民，做到当天上门宣传。

“我们居委会的年轻干部，不好意思上门，要我说，有什么好担心的，垃圾分类是好事，没做好，居委会应该要上门提醒。我上门提醒了这么多次，居民都跟我说不好意思，下次一定注意。喏，现在好多了呀！”主任认为，只有工作人员不断向居民宣传垃圾分类的责任主体是居民自己，垃圾分类的长效管理才有基础。

嘉利明珠城垃圾分类的成功，重要的原因有哪些？我们认为：社区居委会的带头积极参与垃圾分类工作至关重要；爱芬带来的工作方法则在嘉利明珠城这样的大社区从点到面，逐渐铺开；及时的会议沟通机制，也让社区在遇到问题的时候，能及时讨论、及时处理，推进垃圾分类更加稳定。

图 3–17　嘉利明珠城志愿者值班指导居民垃圾分类

结合爱芬的“三期十步法”，我们总结认为：大型社区在推动垃圾分类时，首先要开展基础调研，了解社区垃圾分类难点与痛点，就工作目标与社区各方进行深入讨论，达成工作共识，促进各方广泛合作；先从试点开始，积极宣传和督导，形成正向的分类引导和信心；接着趁热打铁，进行全覆盖，强化宣传动员力度，组建强有力的志愿者督导团队，这对于大型社区能有效推进至关重要。

6.银都一村

这群垃圾分类志愿者不一般 为社区带来美颜和快乐

社区档案：

名称：银都一村

属性：老旧小区，房屋面积偏小

规模：1062 户 （居民主要由各区动迁居民组成）

开始分类时间：2017 年 3 月 6 日全覆盖垃圾分类•绿色账户工作

月垃圾减量率：34%

自 2016 年爱芬环保开始推动彭浦新村街道各社区垃圾分类工作。彭浦新村街道共有 33 个居委会，分两批做动员工作，第一批是容易推进社区，第二批是推动垃圾分类有困难社区。银都一村是属于当时开展垃圾分类比较困难的。

8 月 24 日，爱芬环保与市容所、居委会一起实地调研了银都一村社区基本情况，通过实地走访了解到社区的厢房设施老旧，而且社区整体还在拆违中，居民意见比较大。

2016 年 10 月 13 日，爱芬环保与开展困难的居委会书记、主任、志愿者代表和物业经理等共计 60 多人在彭浦新村街道服务中心二楼召开了第二批垃圾分类动员会。

动员会内容包括：街道各相关部门明确各方职责；社区明确垃圾分类工作的任务和要求，了解爱芬环保的角色和职责；分享案例与经验交流，使各居委会了解可持续的管理机制，社区自治结合爱芬模式推动个体参与垃圾分类；同时给各居委会发放对应户数的宣传海报横幅、分类标识、居民调研问卷、绿色账户卡、值班袖章等物料。在垃圾分类工作开展初期，居民对垃圾分类工作不是很了解。为了更好地开展垃圾分类工作，我们开始分类前在社区里做了大量的工作。首先居委会给每家每户发放了居民垃圾分类问卷调查表，了解分析居民对垃圾分类知识的了解程度，同时招募垃圾分类志愿者。

图 3–18 爱芬环保工作人员与居委会沟通垃圾分类工作

2016 年 11 月 23 日，爱芬环保讲师为银都一村 30 多位志愿者（居委会招募的楼组长、党员以及调查问卷招募到的志愿者等）还有物业人员进行了一堂垃圾分类志愿者培训课。培训内容有：为什么要垃圾分类？如何分类？志愿者和保洁的重要工作。

志愿者中的朱杨英作为一名“社区领袖”，在小区居民心中有很高的声誉，在垃圾分类起始最困难的阶段主动承担起垃圾分类志愿者小组组长的职责。

当时正值小区基础设施改造及拆违中，因此，垃圾分类的工作也停滞了 3 个多月，但通过“美丽家园”旧区改造工程，小区原先锈迹斑斑的铁皮垃圾厢房也升级改造成符合四分类垃圾的不锈钢门厢房。2017 年 2 月小区基础设施改造结束后，按照上海市最新垃圾分类的标准，配置了分类垃圾桶、张贴了分类标识，爱芬环保工作人员和居委会干部还在社区明显处张贴了垃圾分类海报、垃圾分类横幅，营造小区垃圾分类的氛围。

经过前期扎实的宣传工作和硬件调整之后，小区于 2017 年 3 月 1 日迎来了垃圾分类启动仪式。政府给每户居民准备了一个湿垃圾桶进行发放。当天请志愿者组长朱杨英面对面给所有志愿者现场示范分类垃圾，给楼组长演示上门给居民发湿垃圾桶时需要讲解给居民的信息，并把发桶时需要给居民讲解的信息做成了提示卡一并发给了发桶志愿者。具体如下。

第一步：“您好！我们小区 3 月 6 日就要开始垃圾分类了，其实垃圾分类很简单，只要在厨房里多增加 1 个湿垃圾桶，这个桶是送给您的，专门装厨房间的菜叶果皮、剩菜剩饭垃圾就好了。注意里面不要混入纸巾和塑料哦！”

第二步：“在投放点请分类投放。湿垃圾因为要专门运去做肥料，塑料袋不能放入其中，所以要把湿垃圾倒出来，袋子放干垃圾桶里（用动作示范）。我们小区每天早上 7:30—9:00、晚上 6:00—7:30，会有志愿者在投放点旁指导干湿分类，除袋投放可绿账积分。”

启动仪式又一次给每户居民进行了一对一的宣传。仪式结束后的第一个周一，银都一村 1062 户居民正式启动垃圾分类。在高峰的时间经过培训的志愿者上岗值班，对分类正确的居民进行赞美并进行绿色账户扫码积分，对分类不对的居民进行指导。经过社区志愿者们每天早晚扔垃圾高峰时间在垃圾投放点的宣传指导，越来越多的居民开始进行垃圾分类了。

垃圾分类正式开展一个月后，社区居委会、业委会、志愿者团队、物业召开了第一次例会，作阶段性的总结、问题收集、分享，并探讨解决方法。工作例会也是志愿者之间交流意见、互相感染和激励的一种方法，截至 2019 年 9 月已开展了 30 次每月志愿者例会。通过志愿者例会经常会了解到一些问题，比如，有志愿者发现垃圾分类参与的年轻人比较少，就与居委会等各相关方一起想办法，通过联系街道市容所和辖区内的银都幼儿园（小区的共建单位）一起开展了名为“垃圾分类小明星”评比活动，其目的就是希望幼儿园的小朋友们能走出校园参与到社区的实践活动中来，从小切身体验到垃圾分类的重要性，也让可爱的小朋友们作为垃圾分类的宣传小天使，小手牵大手，呼吁自己的爸爸妈妈、爷爷奶奶们一起参与到垃圾分类这项行动中来！

图 3–19　校园实践活动

在分类开展的同时，社区也引进了激励措施。绿色账户是上海市鼓励居民进行垃圾分类一个机制，按要求正确投放 1 次湿垃圾后能进行 1 次积分，每次 10 分，每天可以积 2 次，积分可以兑换自己需要的生活用品等礼品。

在垃圾分类工作成果逐步稳定后，爱芬环保与居委会一同梳理总结了银都一村垃圾分类日常工作内容，对保洁员工作职责、志愿者上岗规范都有了明确的要求，形成了小区持续巩固垃圾分类的一套制度：按定时值班制度和不定时巡视制度双管齐下进行垃圾分类的督导宣传。

在大家的共同努力下，银都一村的垃圾分类工作成果斐然：在 2019 年 8 月静安区垃圾分类实效测评工作报告中，银都一村在整个街道 67 个社区中拿到 96 分的最高分，获得垃圾分类达标小区的称号。

彭浦新村街道 2018—2019 年度表彰大会上，银都一村获得 2018 年志愿者优秀团队奖、2018 年银都一村志愿者朱杨英获得垃圾分类最强志愿精神奖、2019 年银都一村志愿者朱美君获得垃圾分类宣传督导员贡献奖。

银都一村还接受过区领导、各部门以及全国关注环保的社区及专家和各兄弟街道、居委会的参访，受到昆山慈济邀约在慈济昆山环境教育基地与苏州各区、街道、环保、城管等部门以及相关环保人士一起分享了彭浦新村居民区的垃圾分类和社区营造的经验和做法，还得到过一面居民赠送给志愿者们的锦旗。

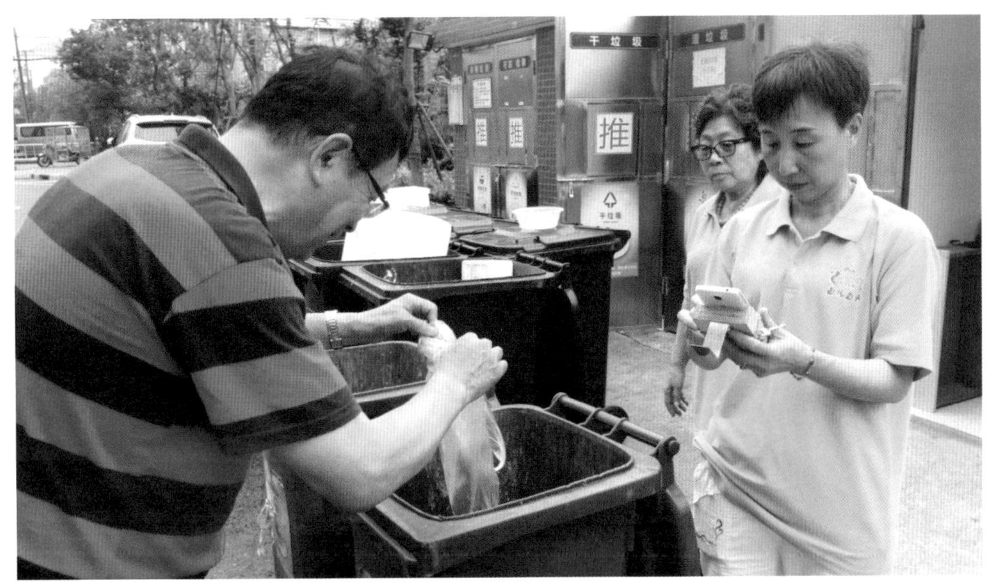

图 3–20 志愿者指导居民投放

银都一村垃圾分类工作也不是一帆风顺的，在实施过程中遇到了不少问题，爱芬和社区工作人员、志愿者一起面对问题、解决问题，才最终走向了成功。这些问题的解决方法值得大家借鉴。

问题 1：居民投放湿垃圾时不愿意除袋。

解决方法：

1.带领志愿者去参观后端湿垃圾处置场，亲眼看到后端处理场很难清理塑料袋碎片，并且影响湿垃圾的肥效，让志愿者更积极主动地跟居民宣传。

2.让居民了解塑料袋不能堆肥，是干垃圾。

3.设置洗手设施，让居民除袋后可以洗掉油污。也是让居民看到，我们了解居民的需求并在不断想解决的办法。

4.给居民演示，湿垃圾除袋并不难。不要把袋口扎得很紧，除袋会更方便。

问题 2：初期，垃圾分类志愿者少，居民不愿意加入。

解决方法：

1.发动党员先锋模范作用，先招募小区内党员成为志愿者。

2.招募居委会服务过的对象（居民）成为志愿者。

3.让居民了解垃圾分类的意义。

4.让物业确保厢房的干净整洁，使居民不觉得做垃圾分类志愿者很脏。

5.一个党员志愿者结对一个普通志愿者。

图 3–21 志愿者上门宣传

问题 3：分类初期社区居民参与度低，宣传效果弱，不理想。

解决方法：

1.对社区居民进行面对面入户宣传，过程中让每户居民签署垃圾分类环保倡议书。

2.社区早晚安排志愿者在垃圾投放点值班，做好面对面的宣传。

3.开展一些宣传类的活动。比如，线下积分兑换和旧衣物换有机蔬菜、与银都幼儿园（共建单位）一起开展的“绿色小卫士”宣传活动、老港垃圾填埋场参访、垃圾分类游园会、垃圾分类知识竞赛、社区废旧自行车置换活动等。

4.居委会社工和志愿者也通过编排垃圾分类相关绕口令、歌曲、小品等节目在纳凉晚会上对居民普及垃圾分类知识，通过寓教于乐的形式进一步提升居民对垃圾分类工作的了解，改变大家对垃圾分类的观念和理念。

7.陶瓷大楼：

垃圾分类让“陶瓷”新生——迷你型小区垃圾分类实践

社区档案：

名称：陶瓷大楼

属性：单位自建住房

规模：42 户

开始分类时间：2017 年

特点：陶瓷大楼始建于 20 世纪 90 年代，是国有企业上海陶瓷公司为解决职工住房问题而建设。大楼内多数居民都是陶瓷公司退休工人，居民之间都是认识几十年的同事兼邻居。大楼沿街还有 10 多户商铺共享垃圾厢房。案例特色是：志愿者居民积极参与，垃圾分类与自治项目相结合。

一、宣传动员

海昌居委会的陶瓷大楼是北站街道 2017 年第一个启动垃圾分类的小区。小区虽然面积不大，总共也只有 42 户居民，不过，陶瓷大楼的每一位居民都十分支持垃圾分类。

垃圾分类开展初期，爱芬环保和居委会通过共同实地走访陶瓷大楼了解硬件设施、结合楼组长上门发放调研问卷等手段来了解陶瓷大楼居民的日常投放垃圾习惯以及对垃圾分类知识掌握程度。爱芬环保牵头组织居委会、业委会、物业、楼组长及社区骨干共同开会讨论，确定陶瓷大楼分类实施方案。爱芬环保组织居民开展垃圾分类知识培训，向居民宣传垃圾分类的目的意义、上海市标准四分类及干湿投放技巧。居民参加培训后才知道上海市面临如此严峻的垃圾问题，为了自己生活的美好环境，纷纷表示支持垃圾分类积极参与分类。通过培训，居民学会了四分类垃圾的品种及各类垃圾的投放要求。

图 3–22　垃圾分类培训会

培训之后，爱芬环保在社区楼栋口、过道张贴了自己设计的宣传海报，挂起了垃圾分类口号，垃圾厢房贴上了上海市四分类标贴，为社区营造出强烈的垃圾分类氛围。正式启动分类的前一天，在社区楼下举行了发桶仪式，每家每户签字领取一个湿垃圾小桶，并告知居民分类投放要求及定时定点干湿分类投放刷卡时间。自 2017 年 9 月 18 日这一天起，陶瓷大楼的垃圾分类正式启动了。

图 3–23　2017 年 9 月 16 日海昌居委会陶瓷大楼发桶仪式

二、积极参与的志愿者居民

开展垃圾分类，志愿者团队的组建是关键，别看小区的户数不多，报名垃圾分类的志愿者人数还不少。通过居委会的动员，42 户的陶瓷大楼很快就组建了一支 7 人组成的垃圾分类小分队。他们的工作是负责日常垃圾分类宣传及绿色账户扫码值班。陶瓷大楼绿账扫码值班时间为早晨 7 点到 8 点半、下午 5 点半到 7 点，这个投放时间也是根据调研问卷上居民选择的时间进行综合统计而设定的。其实还有五六位居民也报名参加了垃圾分类志愿者，考虑到年纪过大不适合值班，暂时安排他们负责日常对居民的宣传工作，可见大家对垃圾分类都十分积极上心。

三、负责的保洁员，整洁的厢房

陶瓷大楼厢房是北站最干净的厢房之一，这要归功于陶瓷大楼的保洁员。大家都知道湿垃圾投放需要除袋，如果厢房脏脏的，就没有居民愿意靠近厢房投放口做除袋动作。陶瓷大楼的保洁员每天一大早都会清洗四分类桶，厢房的门更是擦得闪闪发亮，实属不易。干净整洁的厢房为居民进行干湿分类除袋投放提供了良好的硬件保障。

四、自治项目和垃圾分类相结合

爱芬环保在和陶瓷大楼垃圾分类志愿者相处的过程中发现，这些可爱的叔叔阿姨有一个共同的爱好——种植绿植。在大楼的二楼拐角处的一块平台上，居民会用一些可回收物自制花盆，拿废弃的木板搭建简易花架，最后种上自己喜欢的绿植。由于大楼年老陈旧、空间杂物堆积未被合理利用，居民缺少绿植养护经验，所以拐角处的绿植空间显得十分凌乱。调研过程中，居民普遍反映希望整理空间环境，增加绿植及部分楼道阳台空间。

有这样一群热爱生活热爱种植的居民，有这样一支强大的志愿者队伍，“陶瓷绿苑”自治项目孕育而生。做绿化其实是一种手段，也是垃圾分类的一种宣传，它们二者有密切的联系。许多人都知道陶瓷大楼分类的湿垃圾是用来给绿植做肥料的，不仅环保也能美化环境。绿苑项目和垃圾分类一样只有开始没有终点，要一直搞下去。陶瓷大楼居民们还自发组织会议，制定了陶瓷大楼“绿化管理机制”。大家不仅用自己的双手美化家园，同时推动社区微空间改造更加规范、合理合情，营造更加和谐的社区环境，用实际行动建设美丽家园。

现在，陶瓷大楼的志愿者普遍感觉，经过垃圾分类、绿苑项目之后，不仅让陶瓷大楼的整体环境焕然一新，也确实提升了居民生活的幸福感。

图 3–24　改造后的二楼绿化平台

五、垃圾分类成果

陶瓷大楼已开展垃圾分类两年多，分类情况稳定良好。42 户居民每天也能分出湿垃圾一两桶。除几户流动租户外，其余居民基本全都参与每日定时定点投放刷卡，垃圾分类参与率超过 90%，这说明居民已经养成了垃圾分类的好习惯。

8.包运大厦：30天改变20年的旧习惯

社区档案：

名称：包运大厦

属性：高层商品房

规模：239户

开始分类时间：2017年3月推行，2019年6月实行定时定点投放，参与率超95%

2019年7月1日上海市垃圾分类条例正式实施之前，上海市政府提出了定时定点的工作建议。在爱芬环保的推动下，包运大厦从5月底开始筹备定时定点工作，并于6月中旬正式实施。小区因为良好的群众基础和良好的管理机制，定时定点工作顺利完成。目前小区每天开放3个时间段让居民投放垃圾，保洁员反馈定时定点后，分类效果更容易管理，居民的参与度也没有受影响。目前包运大厦的案例已被上海多家媒体报道，包运大厦接待来自上海各区、国内多个城市的参观者和交流者，已成为上海市的知名垃圾分类优秀小区。

包运大厦楼高25层，每层10户。过去，10户人家共用楼层里的垃圾桶。垃圾分类需要区分干垃圾、湿垃圾、可回收垃圾和有害垃圾，只有小区里新建的垃圾厢房具备这种体量。2016年10月，经多次实地考察和访谈，爱芬环保提出小区有效推进垃圾分类的前提是先进行高层撤桶工作。

对高层撤桶的工作建议，居委会、业委会、居民代表及物业都充满了疑虑和担心，一是担心居民的接受程度，二是担心楼道的卫生是不是更难管理。

为推动各方达成共识，寻找解决方案，爱芬环保推动社区“三驾马车”及居民志愿者代表召开多次工作小组会议。会上爱芬环保讲解了撤桶工作的利弊以及可能的应对措施，同时各方也表达了各自对撤桶的忧虑和建议。经过多次讨论，最终小区党支部书记、志愿者团队负责人颜卫国表示愿意尝试推动小区的撤桶工作。

小区进入了宣传动员阶段。小区根据自身特点和资源，有序开展撤桶工作及垃圾分类信息的宣传。通源居委会为小区置办了全新的宣传黑板，志愿者们持续更新黑板报，向居民讲解垃圾分类的意义以及方法，并及时更新相关工作的安排和进度。为提升志愿者的垃圾分类知识和技能，爱芬环保召开垃圾分类社区培训会，组织参观垃圾分类后端处理厂等活动。志愿者团队自发地挨家挨户宣传，为居民耐心地讲解撤桶的好处及垃圾分类的要求。

图 3–25　组织各相关方培训

同时小区的厢房设施也在改造中，分类垃圾桶的布置、家庭垃圾桶的发放等硬件设施也在同步完善。

经过近 5 个多月的准备，小区于 2017 年 3 月正式启动垃圾分类。撤桶当天，只用了半天时间，25 个楼层里用了 20 多年的垃圾桶被撤离完毕。不少楼层的居民甚至主动刷洗楼层，用自家的鲜花装点楼面。这让包运大厦志愿者信心倍增。在正式分类的第一天，志愿者们就开始值班、指导、督促和鼓励居民积极参与垃圾分类。

其实在居民垃圾分类正式启动后，小区也遇到了不少难题。

难题一：误区多

在工作推进过程中，虽然在宣传动员阶段居民对分类的方法有了比较理论化的认知，但实际要分的时候还是有很多误区，比如，居民很难适应垃圾除袋投放、餐巾纸之类的小物品混杂在湿垃圾里的情况也比较多，需要志愿者来实地培训。

难题二：租户比例高

包运大厦租户占比为30%—40%，“主要的问题是他们没有归属感，没法融入社区，换得太快”，需要反复宣传。同时出租户上下班时间偏早或偏晚，志愿者也不容易宣传到。

图 3–26　垃圾厢房

难题三：少数人不支持

仍存在少数居民不支持撤桶、乱丢垃圾或者把垃圾丢在小区外的公共垃圾桶的现象。部分居民因对业委会、居委会存在其他问题的意见冲突，借垃圾分类表达不满，这部分居民意愿改变的难度较大。

在居委会、业委会、志愿者的努力及爱芬环保的指导和参与下，小区垃圾分类最终实现了70%以上的居民自主分类、分类垃圾纯净度超过80%的成果。

小区的工作经验总结如下。

一是确立共识。小区通过黑板报、微信群等途径及时与居民沟通，通报小区的各事项，让居民在对具体事件的讨论中达成共识。同时入户宣传是非常必要的手段，在前期入户宣传能告知居民具体要求，在正式分类后，发现未分类的居民及时上门告知，让居民形成“不分类就会被志愿者掌握证据”的意识，会产生很好的督导作用。

二是营造氛围。小区坚持发挥榜样的带动作用，树立 3 户居民作为典型，在小区微信群里分享好人好事，给予居民和志愿者精神激励。同时小区志愿者每天在值班期间，对于分类好的居民都会及时给予口头鼓励和感谢，对于未养成分类习惯的居民给予热情的指导。垃圾分类逐渐在小区内家喻户晓，形成了积极参与垃圾分类的氛围。

三是调动情感。小区每年组织召开年终总结会、中途推进会等几次大会，正面宣传先进个人、感谢志愿者的奉献。加上组织志愿者参与各种文体活动、联谊会，例如，每月一次的社工劳动，增进志愿者和居民之间的感情交流。尤其是首次拔草活动时，业委会主动邀请社区书记和物业经理一起参与，推动情感交融和相互理解。

同时业委会和志愿者团队非常重视团队的力量和整体氛围，希望找回上海老弄堂的氛围，“大家不设防，了解和关心各家的事情，互相帮助”。随着垃圾分类工作的不断推进，小区内部的人际关系和人情氛围发生了很大的变化。

专家评析：

志愿者的辛苦效应很重要

在国家“千人计划”引进专家、复旦大学环境科学与工程系玛丽•哈德(Marie Harder)教授看来，爱芬环保之所以能够在推动社区垃圾分类项目中有比较出色的结果，主要源于两个重要因素：一是志愿者的全身心投入，二是爱芬环保本身的第三方角色。

如果你某天在上海某个小区的楼下看到一个外国人在分拣垃圾，不要觉得奇怪，因为她很有可能是一个教授为了获得真实的数据而亲自在给垃圾称重。玛丽•哈德，近几年一直潜心研究上海的湿（厨余）垃圾分类的项目，并且为垃圾分类能够成功实施的动因总结了一个“10+2”的理论模型。在她研究的过程中，她注意到了爱芬这个致力于推动社区垃圾分类及教育的社会组织。因为与爱芬的目标有着很高的相似度，哈德团队与爱芬建立起非常深入的合作关系，并且对爱芬所推动的社区进行过详尽的数据调查以及访谈。

“我们小组旨在了解湿（厨余）垃圾的循环利用状况，不仅关注如何改善现状，而是对促成这种结果的动因很感兴趣。什么方法能够奏效，什么是举世皆准的原则，这些都是我们研究的对象。”哈德说。

在长时间的了解中哈德发现，与爱芬环保合作推进垃圾分类的社区常常有着非常好的数据结果。根据哈德团队的调查（调查选择了 40 个小区样本），这些小区能够分出湿（厨余）垃圾的比率能达到 70%以上，而这个比例甚至远远高于她的家乡伦敦。即使在爱芬环保撤出一年之后，这个比例依然能够维持在 45%以上，这已经是个了不起的结果。而在哈德团队的“10+2”的体系之中，她所总结的垃圾分类项目能够成功的 12 个关键元素，爱芬环保基本上全都覆盖了。

哈德非常推崇爱芬模式，认为全世界都很难找到一种类似的方法。“我们要向马来西亚、韩国、日本、欧洲、美国解释我们怎么做的，有哪些想法是可以通用的。有时候你的家乡有特别美的地方，你却不觉得。有的人可能会说这种方式不足称道，但我却认为这是能成大气候的，只要你改变一下你的思考方式。” 哈德说。

一、“真正的成功”

问：为什么选择爱芬作为合作以及研究的对象？

答：我们需要一个深入小区的合作伙伴，这很重要。当然这个合作伙伴也要对真正的成功感兴趣，而不是假装感兴趣。爱芬已经知道垃圾分类不是一个管理问题，你不能管理人们；这也不是一个运营的问题，你不能只是给人们工具和传单，后面就什么都不做了。这其实是和心有关的，要去理解社区和人们。

问：你刚刚提到了“真正的成功”，什么是“真正的成功”？

答：在我看来，如果人们开展了一些活动，你看到他们从家中带出湿(厨余)垃圾，并且把它们丢进湿(厨余)垃圾桶，而不是普通的垃圾桶，那就是成功。如果这能持续6个月，那就是成功。因为6个月人们会养成一个习惯，这个习惯不会轻易被改变。我发现在中国社区的人们其实对自己非常严格，很多爱芬试点的社区，如果垃圾不是完全分类的，他们就会感到沮丧。但其实在世界上的其他地方，即便是分出30%的湿(厨余)垃圾，已经算是很成功的了。我们对爱芬进行的调查显示，爱芬参与过的小区在一年之后，依然还能分出45%的湿(厨余)垃圾，这已经是很不错的结果。而且这些并不是所谓的高档小区，只是一些普通的小区。

二、爱芬模式成功的关键因素

问：为什么爱芬模式是有效的？

答：举个例子，在每个社区人们要进行垃圾分类之前，他们还没有被完全说服，他们会说：“可能政府是认真的，也可能不是；可能我们的社区是认真的，也可能不是。”他们并不知道真的要开始垃圾分类了，这时候你就要告诉他们：这是真的，垃圾分类要开始了。然后你要确认，大家是否明确各自的工作是什么。我们总结的12个关键要素，爱芬已经抓住了绝大部分。一般来说，你简单地给人们发传单，人们并不能很好地获取知识。但是爱芬和每个人都有一对一的交流，那些人都在认真地听。

另外，我一直在强调，志愿者是非常重要的。因为有志愿者，人们相信垃圾分类真的在发生，不是开玩笑的。如果不知道怎么除袋，志愿者会展示给他们看。如果社区的居民对一些事情有抵触情绪，志愿者会找出症结，改变这种不良情绪。人们会觉得志愿

者很辛苦，他们也会更努力地去做垃圾分类。如果没有志愿者在垃圾桶旁的守候，这件事是做不成的。

另一个成功的原因，在于爱芬作为第三方的角色。街道、物业和普通居民本来都有自己的工作，垃圾分类是一个多出来的工作，不会有人揽下所有的活。这很正常。但如果引入一个第三方来和人们说：“大家来吧，我们一起来讨论。”人们则不得不开始交流。在会议结束之前，他们会明确各自的工作，会达成共识。爱芬对此非常在行。我认为这是爱芬成功的两大重要因素。

问：有人说爱芬的工作模式会需要很长时间，因为他们需要志愿者去和人们沟通，你怎么看？

答：时间长又如何？过了5年，其他的社区完全没有成功，相比于这些社区来说，爱芬已经算快的了。你首先要明白，什么样的成功是你想要的。另外还有个很重要的问题是，垃圾分类的最终结果是不是就是分类本身，还是应该有其他的结果？可能最终成果是让社区变得更好，可以促进社区的活动、改善邻里关系等。也许社区的人并不在乎，但如果他们在乎这个结果，我们应该和他们合作。

问：对于普通居民来说，哪些因素会促进他们进行垃圾分类，哪些又会阻碍他们？

答：卫生很重要，在人们脑海中，他们觉得社区是干净的。另外是“辛苦”效应，这也很重要。有时他们会觉得垃圾分类是他们的职责，有时适当的激励也是一个动因。有时会因为国际规范，比如，家里有人在日本生活过，觉得上海也应该这样做。也有人会说“志愿者在监督我，所以我要垃圾分类”。这些都是他们会进行垃圾

行为改变中“10+2”个决定因素 | 爱芬社区工作中的实践程度

知识
让居民清楚地了解到这是件严肃的事

角色
确认每个人都清楚他们各自的职责

社会共识
让居民感到这是件有意义的事

对能力的信任
相信你的社区可以成功，参与者具备相应的能力

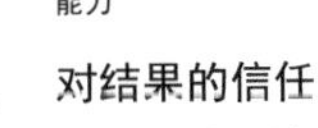
对结果的信任
社区的居民相信他们的行动会带来不同

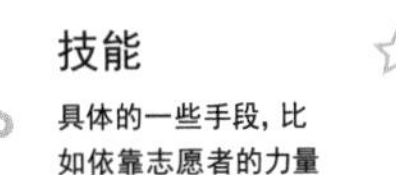
技能
具体的一些手段，比如依靠志愿者的力量

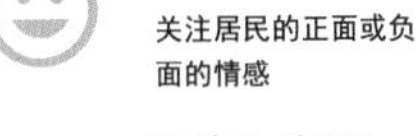
情感
关注居民的正面或负面的情感

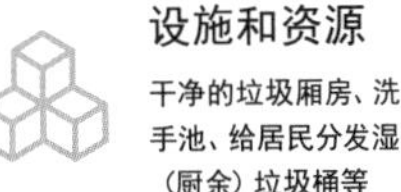
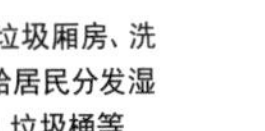
设施和资源
干净的垃圾厢房、洗手池、给居民分发湿（厨余）垃圾桶等

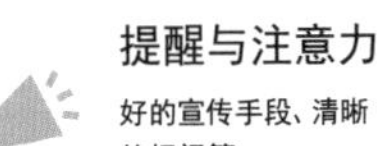
提醒与注意力
好的宣传手段、清晰的标识等

动机
居民需要进一步的推动力、激励手段

行为规划
帮助居民制订可行的分类计划

习惯培养
制订一些有利于培养居民习惯的计划

· 资料来源：复旦大学—布莱顿大学可持续行为研究组
· 爱芬工作中有意无意地使用了这些元素，使垃圾分类取得了较好的效果。

分类的原因。阻碍他们的因素，比如，湿(厨余)垃圾分类中要求居民要除去垃圾袋，很多人讨厌。这样做，觉得会弄脏手，所以爱芬会建个水槽给居民洗手，冬天还要准备热水。居民会觉得你做了那么多努力来促成这件事，所以我一定要去做垃圾分类。

三、关于垃圾分类的奖惩

问：你怎么看待绿色账户的激励作用？

答：这种奖励是一种不同的推动力，但我始终觉得，不要最开始就使用这个办法。在我看来，应该等人们有了自然的推动力和习惯之后，再用绿色账户进行奖励。而且如果你在 6 个月或 9 个月里给了他们奖励，之后可以循序渐进地停止这种奖励措施，这样你就不用一直为此付出财力。

问：那么采取相应的惩罚措施呢？

答：我并不认为这是必要的，做不做垃圾分类取决于每个社区人们的态度。惩罚会让他们感到愤怒，他们也许会除袋但是会放个电池进去。对某些人来说，你已经要求他们做得太多了。有些独生子女照顾父母、祖父母和小孩就要很大精力，不要给他们施加过多的压力。有些解决方案看起来一视同仁，其实并不公平。每个社区都有各自的特点，要据此来调整你的方案。

问：目前中国在推进垃圾分类过程中遇到的比较大的问题是什么？

答：我认为数据是很大的一个问题，因为领导者没有很多的信息来帮助他们作出决定，这很不公平。他们一定要知道湿（厨余）垃圾到底有多少被分类出来。要去统计真正值得关注的事，要派人去作数据采集。因为要作出更好的决策，就需要更准确和更详尽的数据。在未来这是必需的。

[本文根据对复旦大学环境科学与工程系教授玛丽•哈德(Marie Harder)采访内容整理]

第四章　他山之石

让每个人都动起来

垃圾分类要植根壮大，政策法规的制定是不可或缺的元素，德国、瑞典、日本、新加坡等国都为垃圾治理工作的开展提供了法律依据，以期用硬性规定来规范公民行为。但这仅仅是垃圾处理中的第一环，大多数在垃圾分类上堪称成功的国家和地区，都会在刚政的基础上辅以柔策，来让垃圾分类理念渗透到每个人的心中。

一、趣味推广实则走心

在德国的超市，当地品牌的一瓶 0.5 升的矿泉水标价为 0.99 欧元，这个价格比欧洲其他国家要略贵，这是因为价格中还包括了自动征收的塑料瓶押金。从 2003 年开始，德国成为欧洲最早一个实行塑料瓶和易拉罐回收押金制的国家——居民购买 1.5 升以下的水、饮料时，提前征收 0.25 欧元的瓶子押金。大型的超市都有专门的机器回收这些塑料瓶，等喝完饮料并将塑料瓶丢进回收机器之后，就会得到之前支付的押金。一个瓶身比较厚的矿泉水塑料瓶再回收后可以循环使用 30 次。

在欧洲国家以及日本等国，除了塑料瓶扔哪里要多加注意之外，人们对塑料瓶怎么扔也颇为讲究——把塑料瓶投入垃圾箱前，先要拧开瓶盖，撕去商标包装纸。这是由于塑料瓶虽然理论上可以百分之百地回收，但塑料瓶上的标签、塑料瓶盖和塑料瓶身因为采用的塑料材质不同，是无法混装在一起进行回收处理的。分拣机器目前无法实现拧开瓶盖和撕下标签的操作，于是这个步骤就必须由分拣工人通过人手完成。而这些国家的人们已经习惯了这样的丢塑料瓶方式，为分拣工人减少了工作量。这样不仅有利于环保，也是个人素质的体现。

为了刺激居民的能动性，一些国家想出了一些较有创意的激励方式。早在 1989 年，巴西的库里蒂巴市政府就发起了一项名为 “垃圾换食品” 的活动。市民每上交 2 千克塑料、纸板、玻璃瓶等可回收垃圾，就能获得 1 千克大米、玉米、土豆或洋葱等食品。目前，全市范围内有 88 个食品兑换点，每天还有流动的兑换车走街串巷。用于兑换的食品来自城市周边农民滞销的产品，市政府按比例为他们进行补贴。而近几年来，市政府还推陈出新，又举办了垃圾换车票、抵扣电费等活动，号召市民积极参与垃圾分类。

不过，奖励机制因耗费财力物力，并不是每个国家或地区的上上之选。比如，中国台湾地区就是通过取消公共垃圾桶、增加垃圾车在小区内巡游的时间和次数来促进垃圾分类的。不仅如此，定时清运垃圾的专车上还会播放音乐，曲目是家喻户晓的《致爱丽丝》和《少女的祈祷》。其中《少女的祈祷》最受台北市民欢迎，不少市民说，听到了这音乐声，就想到要倒垃圾。不得不说垃圾分类理念伴随着音乐已一道深入人心。

当居民们对垃圾分类有了基本了解之后，后续推广也不能落下。在日本有些地区，每年的 12 月住户会收到一张来年的特殊年历。这种年历每月的日期都由黄、绿、蓝等不同的颜色来标注，在年历的下方写有注解，每一种颜色代表哪一天可以扔哪一种垃圾。年历上还配有漫画，告诉人们不可燃的垃圾包括哪些，可回收的垃圾包括哪些，使人一目了然。有了这样的年历，在这一年里，人们就能知道哪些日期是可以来扔哪一种垃圾。德国则有与之相类似的垃圾清运时间表，表上会写明清运车到来的具体日期，一般清运车每周收一次日常垃圾，每月收一次废纸，每季度收一次废旧家具、轮胎。为了让居民熟悉垃圾的分类原则，很多城市还印发了专门的垃圾分类说明。韩国、美国等国也是定时扔垃圾的忠实拥护者。

二、推动居民自治的力量

日本垃圾分类的成就可也说是备受瞩目。而福冈县的大木町因有着“Kururun 大木町循环中心”，吸引了很多日本本国的人前去参观和学习。

在这个循环中心，居民产生的湿（厨余）垃圾和粪便、污泥混合在一起，通过发酵产生沼气来发电。发酵过程中产生的热量被用于加快发酵过程、供暖以及烧热水清洗垃圾桶。而发酵产生的“消化液”被作为液肥提供给当地农户，总的价格只有原先使用的化肥时的七分之一，颇受农户好评。用这种液肥种植生产出来的大米被取名为“循环的恩惠”，已成为当地的名牌产品，通过循环中心旁边的农产品直销店以低廉的价格销售给当地社区。居民们分类出来的湿（厨余）垃圾现在成了安全可口的大米回到了他们的餐桌，大木町的循环社会正在发展、成熟。

正如罗马不是一天造起来的一样，大木町的循环模式也经历了漫长的发展过程。大木町一直以来都是一个居民活动非常活跃的地区，加上历任町长对于环境问题的高度关注，早在 1995 年，这里就开始了以“湿（厨余）垃圾是个宝”为宣传语的政府鼓励、居民参与的堆肥活动。2001 年，大木町开始与“福冈县循环利用综合研究中心”以及大学研究室等相关机构合作开展有机资源循环事业，共同摸索“回收湿（厨余）

垃圾→发酵堆肥→有机肥农业→绿色食品消费”循环系统的建立方法。

为了找到可行方案，大木町首先选择了当地7个行政区作为试验区，在648个家庭以及当地的保育院、食品供应中心的配合下，开展了湿（厨余）垃圾分类回收的活动。半年的试验结束后进行问卷调查，结果发现有83.2%的居民对回收湿（厨余）垃圾表示了认可，但同时发现了一些需要解决的问题，例如回收、发酵过程中产生的气味。这些都对Kururun循环中心的设计和建立提供了重要的参考价值。

2006年Kururun建成后，大木町开始对整个地区的湿（厨余）垃圾进行免费回收（可燃垃圾是收费的）。经过这几年的发展，已经形成了成熟、稳定的回收机制。大木町被分成3个区域，每个区域每周回收两次湿（厨余）垃圾，整个地区一周共回收6次，法定假期照常进行。回收方式是在试验期得到认可的、利用塑料垃圾桶进行“裸回收”的方式，也就是以10个家庭为一个单位，在户外设置回收圆桶，居民把自家垃圾桶里的湿（厨余）垃圾直接倒入。这种方法因试验结果表明有80%以上的人认为可以持续而得到采纳。

Kururun成功的原因有很多，其中当地自治体与居民的合作尤其关键。其结果不但从很大程度上解决了垃圾问题，使可燃垃圾减少近一半，创造了新资源新产品，带动了当地的经济，同时还节省了当地的财政开支。由于Kururun循环中心的建立，大木町需要处理的垃圾、粪便、污泥大大减少，因此，处理费得到了节省，即使算上中心的运营费，总的年支出也比原先减少了4000万日元左右，可谓多方得利。

世界各国的经验告诉我们，垃圾分类想要取得长久的成效，根本还是要发挥居民自己的力量，让每个人都能够参与进来。

垃圾分类各国及地区经验小贴士

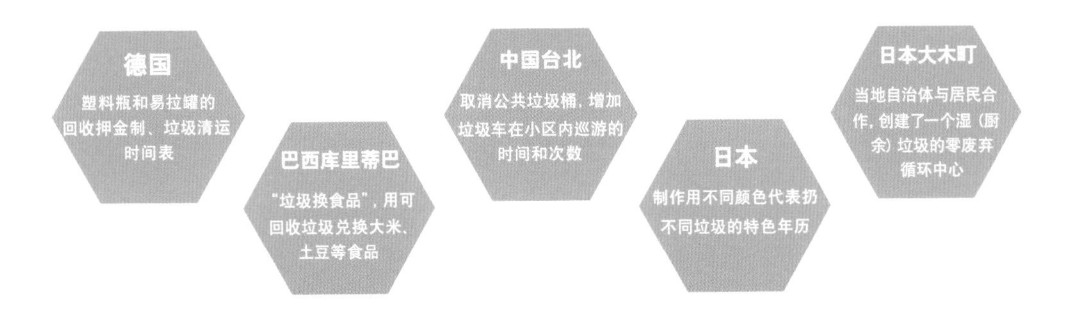

后 记

从 2011 年推动第一个小区开展垃圾分类算起，到 2020 年已经是第 10 个年头。这些年来我们扎根社区，从 0 到 1，又从第一个小区到现在 300 多个小区，其间经历了上海以及全国垃圾分类政策的变迁，也看到了民众对垃圾分类态度的逐步转变，过程中有挫折、有艰辛也有收获和成果。我们发现：垃圾分类不只需要全民参与，也需要多部门的协同以及更多社会力量参与其中，有方法、有策略地去推动。本书将我们这些年在社区开展垃圾分类的工作进行了汇总和呈现，同时也有长期合作的高校专家对我们工作的评析，希望这些内容可以给更多正在开展垃圾分类的地区一些参考。

目前爱芬环保正在整区域地推动垃圾分类，也在协助其他地区的属地机构开展垃圾分类工作。未来，我们会继续将整区域推动垃圾分类的经历、经验汇总成册，供更多相关方了解。

最后，垃圾分类确实是一件不容易的事情，无法一蹴而就，但当下的这个时代已经是最好的时机，我们比之前任何一个时刻都更有决心和信心！

上海静安区爱芬环保科技咨询服务中心总干事　宋 慧

2020 年 7 月